国家十二五规划图书·前沿科技聚焦

丛书顾问：谢家麟 刘嘉麒

抢占太空制高点

飞天梦

田如森 史宗田 编著

科学普及出版社

·北京·

图书在版编目（CIP）数据

（国家十二五规划图书·前沿科技聚焦）抢占太空制高点：飞天梦/田如森，史宗田 编著. —
北京：科学普及出版社，2015.7

ISBN 978-7-110-08924-8

Ⅰ. ①抢… Ⅱ. ①田…②史… Ⅲ.①航空-研究

② 航天-研究 Ⅳ.①

中国版本图书馆CIP数据核字（2015）第135397号

策划编辑 赵 晖 付万成
责任编辑 付万成 夏凤金
责任校对 刘洪岩
责任印制 张建农

出 版 科学普及出版社
地 址 北京市海淀区中关村南大街16号
邮 编 100081
发行电话 010-62103349
传 真 010-62103166
网 址 http://www.cspbooks.com.cn

开 本 787mm×1092mm 1/16
字 数 400千字
印 张 17.5
版 次 2015年9月第1版
印 次 2015年9月第1次印刷
印 刷 北京凯鑫彩色印刷有限公司

书 号 ISBN 978-7-110-08924-8/V·32
定 价 90.00元

前言

　　1961年4月12日，世界上第一位航天员尤里·加加林乘坐东方号宇宙飞船进入太空，环绕地球飞行一圈后返回地面，开启了人类飞天新纪元。

　　半个多世纪以来，航天这门前沿技术技术，获得了突飞猛进的发展，为人类研究、探索与开发利用太空展现了广阔的前景，现在人类的活动范围已从陆地、海洋、天空扩展到了外层空间。

　　航天技术的发展，对国家的政治、军事、经济和整体科学技术的发展都具有重要意义，它是一个国家实力和科技水平的象征。

　　当今，航天技术的应用越来越广泛，与国民经济、社会发展和人民生活的关系越来越密切，并深刻地影响和改变着人类生活的方方面面。人民正广泛享用着航天技术成果带来的诸多便利，如通信卫星能使人们在家就能获得全球信息；气象卫星及时地为我们预报天气；导航卫星使我们的出行更方便等。进入21世纪后，航天技术的发展与应用受到了全社会的普遍关注。

　　本书以奇异的空间环境为引子，综合介绍了国内外航天领域的过去、现在及未来，内容包括运载火箭、人造卫星、载人飞船、空间站、空天飞机、太空的军事应用、空间探测器、月球探测和火星探测等，并回答了有关领域人们感兴趣的热点问题。内容深入浅出，文字通俗易懂，并配有大量插图和照片，对广大航天爱好者和青少年来说是一本很好的参考读物。

　　本书编写过程中，得到了周日新、李晓萍等同志的大力帮助，秦宪安、南勇、田峰、孙宏金、邸乃庸、吴国兴、孙欣荣、赵文生、张贵玲提供了图片资料，在此一并表示衷心的感谢！

　　由于作者水平所限，错误和不足之处在所难免，敬请读者批评指正。

C 目 录
CONTENTS

第四章　美国、苏联/俄罗斯载人航天成就

第五章　中国"神舟"，天河圆梦

第六章　漂浮在天上的大厦——空间站

C目录
CONTENTS

飞天梦·抢占太空制高点

第一章　艰难的宇宙之旅

第一节　令人神往的太空奥秘

太空与深空

目前世界各种飞天物体主要是在宇宙太空和深空领域活动。

天空：我们所居住的地球外面包裹着一层厚厚的大气，它随着高度的增加它会变得越来越稀薄，但99.9%以上的大气聚集在距地球表面100千米左右的地外空间，称为稠密大气层。稠密大气层之外称为外层空间，稠密大气层和外层空间没有明确界限。太空一般是指地球稠密大气层之外，即距地球表面100千米以外的宇宙空间，也称外层空间或简称空间。

深空：国际上对深空没有一个统一的解释。一些国际组织规定，距地球等于或大于地月距离（约38万千米）的空间称为深空，而国际电联从无线电角度定义是，距地球200万千米宇宙空间为深空。一般认为月球及地球以远的宇宙空间为深空。

宇宙物质千姿百态

形式多样，变化无穷

从物质微观结构上看，物质是由分子、原子构成的，而原子则是由更小的粒子构成的。目前查明，构成物质的基本粒子有12种，即6种轻子。从更大的层面看，世界物质都是由元素组成的，常见元素有氢、氮和碳等，截至2012年，共有118种元素被发现，其中94种是自然界存在的，其余是人造元素。粒子也好，元素也好，它们的数量都是有限的，但由它们构成物质的存在形式却是多种多样的，无限的。山河湖海、平原沙漠，森林草原、花虫鸟兽、各种美丽的建筑以及不同肤色的人种构成的如花似锦的生命世界，到茫茫星云，恒星和行星……具有无限的多样性，且变化无穷。

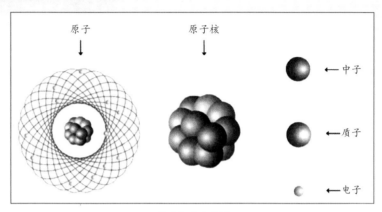

原子组成示意图

物态争奇斗艳

我们常见的物态有固态、液态、气态和等离子体态四种。如：水在0℃以下是固态（冰）；0～100℃是液态；100℃以上则为气态。等离子体态，是通过加热或放电方式使气体电离，电离的气体正负离子相等，整体呈中性，称为等离子体态，如日光灯、水银灯里的电离气体。

随着科学的发展，在大自然中又发现了多种"物态"，人类迄今知道的"物态"已达10多种。例如：

结晶态和液晶态

物质内部原子结构按一定的空间次序、规则，对称排列的固体物质叫结晶体或结晶态，食盐是我们常见的晶体。液晶态是具有液体和结晶体两种性质的物质，液晶材料属于有机化合物，这种材料在一定温度范围内处于"液晶态"时，既具有液体的流动性，又具有晶体在光学性质上的"各向异性"，它对外界因素（如热、电、光、压力等）的微小变化很敏感，正是利用这些特性，使它在许多方面得到应用。现代生活中"液晶"对我们来说已不陌生，它在电子表、计算器、手机、微型电脑和电视机等的文字和图形显示上得到了广泛的应用。

超导态

某些物质在超低温条件下（接近绝对零度，即－273℃)表现出电阻等于零的现象称为"超导"，超导体所处的物态就是"超导态"。

超导态的发现，尤其是它奇特的性质，引起全世界的关注，各国纷纷投入了极大的力量研究超导，至今它仍是十分热门的科研课题。目前发现的超导材料主要是一些金属、合金和化合物，已有很多种，它们各自对应不同的"临界温度"，现在各国科学家正在拼命努力向高温超导，如室温300K，即27℃的临界温度冲刺。超导态在高效率输电、磁悬浮高速列车、高精度探测仪器等方面给人类带来极大的益处。

太阳系家族

超流态

1937年，苏联物理学家彼得·列奥尼多维奇·皮察惊奇地发现，当液态氦的温度降到2.17K(约－270℃)的时候，它就由原来液体的一般流动性突然变化为"超流动性"，它可以无任何阻碍地通过连气体都无法通过的极微小的孔或狭缝（约1/10万厘米），还可以沿着杯壁"爬"出杯口，一般的容器对于这种物质就像筛子一样会轻易地"漏"出来。这种具有超流动性的物态称为"超流态"。

超固态

当物质受到超高压(如上百万大气压)时，不但分子和原子间的空隙被压得消失了，就是原子核和电子间的空隙也没有了，电子和原子核紧紧地挤在一起，其密度是水密度的几万倍以上，一块乒乓球大小的超固态物质，其质量至少在1000吨以上。

此外还有玻色－爱因斯坦凝聚态和费米子凝聚态，它们是物质在量子状态下的形态。

海王星

宇宙的大结构

宇宙天体千差万别

在太阳系的八大行星中，水星、金星表面温度高达400℃以上，而海王星平均温度却低达−214℃；金星表面笼罩着浓密的二氧化碳大气和硫酸云雾，约在50个大气压；水星、火星表面大气却极其稀薄，水星的大气压不足地球大气压的1/1000万；水星、金星、地球和火星都有一个固体表面，而木星、土星、天王星和海王星却是一个流体行星；土星的平均密度为每立方厘米0.70克，比水的密度还小，木星、天王星、海王星的平均密度略大于水的密度；而水星、金星、地球等的密度则达到水的密度的5倍以上。太阳系内各行星的自转方向，一般都与绕太阳公转的方向一致，但是金星却是逆向自转，也就是它的自转周期大于公转周期，从地球看，它的一天比一年还长；天王星的赤道面和公转轨道面成98°交角，天王星是躺在轨道上自转；地球表面生机盎然，其他行星则是空寂荒凉的世界。

恒星五颜六色

在晴朗的夜空，如果你仔细观测天空闪烁的星星，会发现星光的颜色并不一样，犹如五颜六色的明珠镶嵌在天上。

恒星之所以能发出颜色不同的光，是由其表面温度决定的，温度高低不同所发出的光的颜色也不同。每一颗恒星实际上都是一个炽热的气体球，由于它的内核的温度非常高，像太阳的内核的温度高达1500万℃，在这样的高温、高压下，恒星中心附近物质发生核聚变反应，产生的巨大的能量并以光子的形式释放出来，使星球的表面发光。恒星的颜色按温度从低到高依次为红色、橙色、黄色、白色和蓝色，其中红色的恒星表面温度最低，蓝色恒星表面温度最高，约在25000℃以上。

太阳看起来是淡黄白色，但实际上，太阳表面温度约6000℃，光波长大约500纳米，位于光谱的蓝色和绿色之间。从光学角度看，太阳是蓝色加绿色的恒星。

恒星的生成

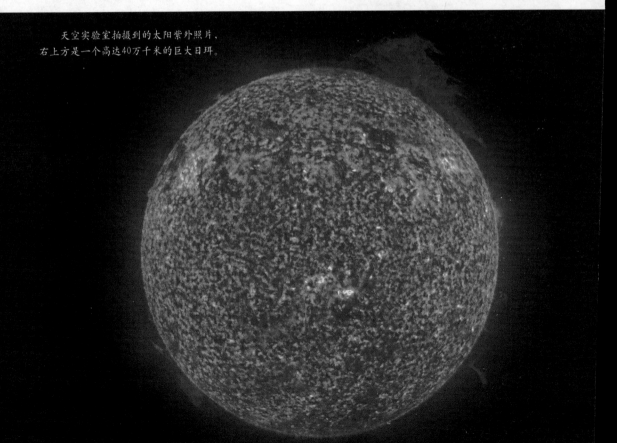

天空实验室拍摄到的太阳紫外照片，右上方是一个高达40万千米的巨大日珥。

星系外貌奇异、独特

星系是由恒星、气体和尘埃等星际物质构成的巨大集合体，科学家估计宇宙的星系有1000亿个以上，星系的形态多种多样，这么多的星系，还没有发现两个星系的形状是完全相同的，每个星系都有自己的独特的外貌。

20世纪30年代，天文学家哈勃将星系按形态分为椭圆星系、旋涡星系、棒旋星系、透镜星系和不规则星系等类型。每个类型又细分为8个次型。

银河系

地球所在的星系为银河系。银河系是一个由包括太阳在内的数千亿颗恒星、气体和尘埃组成的风车状的巨大的星群，属于旋涡星系，它从里向外伸出了4条旋转的"手臂"，每条"手臂"都由难以计数的恒星和星云组成。太阳位于银河系的一个旋臂中，距银心约3万光年。

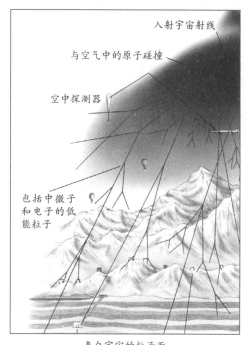

入射宇宙射线

与空气中的原子碰撞

空中探测器

包括中微子和电子的低能粒子

来自宇宙的粒子雨

宇宙射线无处不在

宇宙除了恒星、行星、小行星、星系、黑洞等天体之外，还有星际气体和尘埃弥漫在宇宙。宇宙中除了能发出可见光的恒星、星云等天体外，还有紫外天体、红外天体、X射线源、γ射线源等射电源发出的各种射线，在宇宙中宇宙射线无处不在。

神秘的暗物质和暗能量

宇宙深处隐藏着神秘物质暗物质、暗能量。科学家认为，宇宙是由大约137亿年前发生的一次大爆炸形成的。大爆炸使物质四散出去，宇宙空间不断膨胀。按

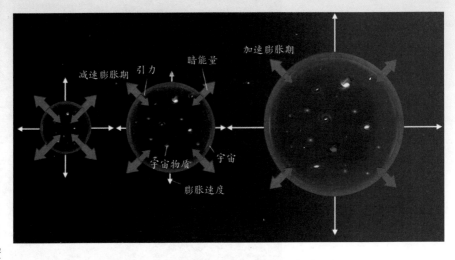

常理，宇宙的膨胀速度应该愈来愈慢，然而实际宇宙是在不断加速膨胀的。科学家据此提出，是暗能量、暗物质的存在导致了宇宙加速膨胀。认为宇宙是由4%的正常物质，如行星、恒星、小行星和气体等，22%由既不辐射也不吸收光线的暗物质和74%的暗能量组成的。现在虽然知道了暗物质和暗能量的存在，但其性质尚不清楚。

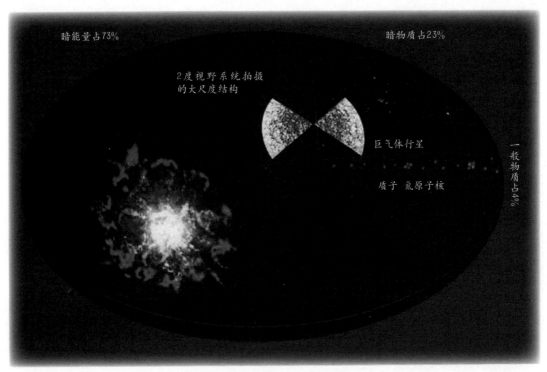

宇宙中有来路不明的暗物质和暗能量

在失重状态下航天员作科学实验

太空环境严酷，充满风险

太空环境与地球陆地环境截然不同，那里没有空气，没有水，高度真空，强辐射、大温差等极为严酷的环境充满风险，如果没有有效地保护，人在太空是无法生存的。

高真空

在航天器所处的500千米轨道高度上，空间真空度为10^{-6}帕左右；在1000千米的轨道高度上，空间真空度为10^{-8}帕左右，物质稀少到平均每立方米不到几个原子。人若暴露在高真空环境下，由于体外气压突然消失，人的血液会马上沸腾，很快就会死亡。

超低温

自宇宙大爆炸以后，随着宇宙的膨胀，温度不断降低，经过100多亿年的历程，现在，太空已成为高寒的环境，平均温度为-270.3℃。

黑龙江的漠河是我国最北端的城镇，也是我国冬季最寒冷的地方之一，那里曾观测到接近-50℃的最低气温。1967年挪威的科学家在南极点附近记录到了-94.5℃的气温，这是迄今为止测到的地球表面的最低气温。

微重力

人在地面上感受到的重力是1g（g为重力加速度），而太空重力仅为地面重力的百分之一到十万分之一，太空是微重力环境。

强辐射

太空是一个强辐射环境。大的宇宙辐射源头有两个：第一个辐射源是太阳，太阳会不断地吹出粒子流，被称为太阳风，太阳在发生耀斑爆发时向外发射的高能粒子为太阳宇宙辐射线；第二辐射源是银河宇宙辐射线，其中包含高能质子和其他较重元素的原子核，从四面八方轰击太阳系。宇宙辐射会严重影响生物机能，对生物体组织造成伤害。

太阳耀斑爆发时的高能粒子太阳宇宙辐射线

冷　黑

当没有太阳辐照时，宇宙空间是一个完全"冷"和"黑"的空间。在这个冷黑环境中，物体发出的所有热能被完全吸收，是一个没有热辐射和热反射的理想黑体。冷黑环境对航天器和舱外航天服的热性能有极大的影响，研制航天器和舱外航天服，必须在模拟的冷黑环境中进行充分的热真空和热平衡试验，验证其热设计和热性能是否满足要求。

取之不尽的太空资源

太空可利用的资源，比地球上可利用的资源丰富得多，而且独特。

地球引力范围的资源

从地球引力作用范围这一很小的外太空领域来看，现已经和未来可供开发利用的空间资源主要有：

高远位置资源

在距地面3.6万千米的地球静止轨道运行的通信卫星、气象卫星、导航卫星给信息化社会插上了腾飞的翅膀。通信卫星等于是把原来在地面的无线电中继站搬到天上，从而大大提高了信号的覆盖面积、传输距离和通信质量，使通信技术发生质的飞跃。遥感卫星相当于空间观察平台，具有观测范围广、观测次数多、时效快、连续性好等优点，对气象预报、陆地资源勘测、海洋资源开发、减灾防灾等起到巨大推动作用。导航卫星则是目前最先进的导航定位技术。

卫星轨道运行图

超真空与超洁净资源

在地面把一个密封容器的空气抽出，也会变成真空，但这种人为的真空条件，与太空环境的真空相差极远。在太空高真空与微重力同时存在，空间真空不仅纯净无污染，而且体积硕大。这种环境是高纯度和高质量冶炼、焊接和分离提纯的必备条件。大气层之外，由于没有大气对光线和各种辐射的吸收、反射、折射和散射作用，是理想的天文观测环境。

未来月球上的天文台

航天员更换航天飞机上的氢氧化锂罐

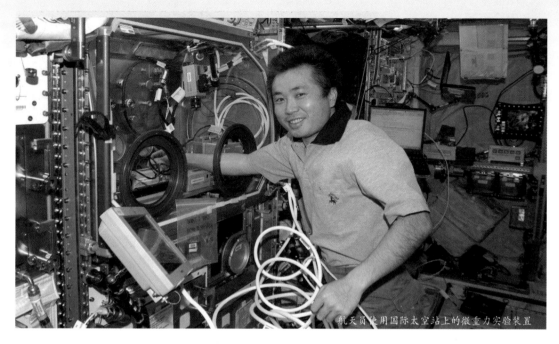

航天员使用国际太空站上的微重力实验装置

微重力资源

太空的微重力是一种宝贵资源，利用这种资源，可以进行地面上难以实现的新材料加工和药物制取等。

在太空站服务舱上，进行植物生长试验

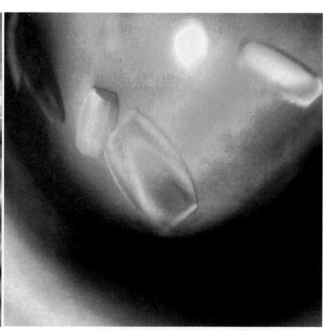

在神舟号飞船上获得的人脱氢异雄酮磺转移酶蛋白晶体

深冷资源

在太空，航天器向阴的一面的温度可达-100℃以下，是个具有无限空间的深冷环境。

深冷技术是近年来兴起的一种提高金属工件性能如硬度、耐磨性和尺寸稳定性等的新工艺技术，在地面需要采用液氮，在太空则有现成的深冷资源，不仅使制造简单，还可以节约能源。

开发月球

太阳系范围内的资源

太阳系范围内的月球、火星和小行星等天体上，有丰富的矿产资源。如类木行星有丰富的氢能资源；金属型小行星上有丰富的铁、镍、铜等金属，有的还有金、铂等贵金属和珍贵的稀土元素；彗星上则有丰富的水冰等。

星际空间的资源

星际空间有辐射资源、大温差资源。在空间环境中，由于高真空绝热，被太阳直射的物体表面，可达到100℃以上高温，而背阴面则可保持-100℃以下的低温。两者之间形成巨大的温差，而且非常稳定。

在火卫一上的探险

未知领域的资源

在人类尚未认识的宇宙中反物质、暗物质和暗能量里，蕴藏着巨大的未知宇宙资源。

第二节　突破进入宇宙的障碍

跨越"三个门槛"

人类能否进入宇宙，关键是速度。宇宙速度是指物体在地球上发射，摆脱地球或太阳引力束缚进入宇宙的一种速度。人类进入宇宙必须跨过"三个门槛"——突破三个宇宙速度。

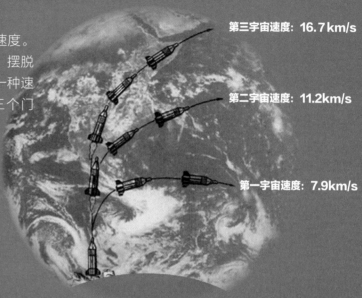

第三宇宙速度: 16.7 km/s

第二宇宙速度: 11.2km/s

第一宇宙速度: 7.9km/s

第一宇宙速度

又称环绕速度，是航天器进入太空后，能环绕地球运动的速度，是人造地球卫星的最小发射速度，为7.9千米/秒。

第二宇宙速度

又称脱离速度，是指航天器完全摆脱地球引力束缚，飞离地球所需要的最小速度，为11.2千米/秒，发射月球和火星等探测器，就要利用第二宇宙速度。

第三宇宙速度

又称逃逸速度，是指在地球上发射的航天器，摆脱太阳引力束缚，飞出太阳系所需的最小初始速度。其大小为16.7千米/秒。

理论上还有第四宇宙速度，是指在地球上发射的物体摆脱银河系引力束缚，飞出银河系所需的最小初始速度。但由于人们尚未知道银河系的准确大小与质量，因此只能粗略估算，其数值可能在110～120千米／秒，现在还没有一种运载火箭能使航天器达到这个速度，实现这一目标还是非常遥远的事。

载人航天器在近地轨道飞行时，由于受地球磁场和大气层的保护，再加上一些自身的严密保护措施，受宇宙辐射影响较小，对航天员的健康没什么影响。但在太空飞行远离地球以后，宇宙辐射的强度会明显增强，太空辐射的源头之一是太阳，太阳会不断地"吹出"粒子流，被称为"太阳风"，在太阳为期约11年的活动周期里，在活动极大期，太阳耀斑和日冕物质抛射会频繁出现，能向太空喷射数十亿吨的高能粒子，在一次强太阳耀斑事件中，一个未加防护的航天员在几个小时内所承受的辐射量可以达到一个人每年最大安全辐射剂量的许多倍。太强的太空辐射对人体的中枢神经系统、内分泌腺、心血管系统、生殖系统、造血系统、免疫系统、视觉系统都会造成损伤，其中对神经系统损伤尤为突出。因此在进行月球或火星探测以及更遥远漫长的星际飞行时，需要及时对强辐射进行监测和预警，采取有效防护是至关重要的。

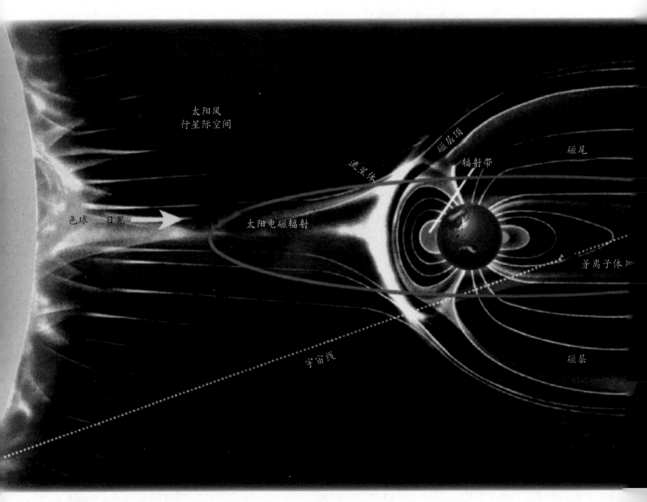

努力消灭太空潜在"杀手"

空间碎片又称太空垃圾，是太空里的潜在杀手，对航天器的正常运行构成严重威胁。它是人类在航天活动过程中所产生的空间废物，其中包括航天器在轨破碎、爆炸、碰撞产生的废弃物；还有废弃的航天器和报废卫星，火箭残骸等。目前能够探测到的在环绕地球轨道上飞行的长度在10厘米以上的太空垃圾就有近13000个，而且还在继续增加，估计有约3000吨太空碎片长年绕地球飞奔。1986年，欧洲阿丽亚娜号火箭进入轨道之后不

垃圾漂浮在太空的"冷杀手"

久爆炸，释放出564块大于10厘米的残骸和小碎片，曾先后导致2颗日本通信卫星和1颗法国卫星被损坏。

太空垃圾

为了防止太空碎片对航天器造成的潜在威胁，目前人们提出了许多对策，归纳起来是四个字："避""禁""减""清"。

"避"，就是发展太空监视系统，对太空垃圾进行严密的监视与跟踪，并采取有效的技术手段，使航天器及时避开太空垃圾。例如在未来的航天器上装备预警系统，使之预先发现危险并主动变轨，避免发生碰撞。如2009年10月1日下午5点，我国有关部门突然接到一个紧急电话，据国际有关监测网通报和我国监测确认，一个空间废弃物将在10月3日凌晨4点左右，接近我国在轨运行卫星，最近距离约200米，发生碰撞的概率很大。如果卫星和高速飞行的废弃物相撞，后果将不堪设想，于是决定立即实施卫星安全规避的轨道控制措施，最终使卫星安全越过曾预告可能与空间废弃物发生碰撞的警戒区，成功地规避了空间碎片的袭击。

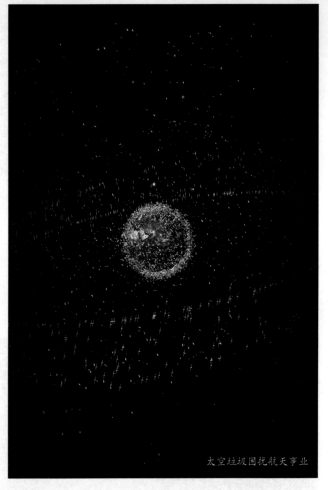

太空垃圾困扰航天事业

"禁"，就是根据国际制定的有关空间法规，禁止在空间进行试验和部署各种武器，限制发射核动力卫星，使空间成为为人类服务的和平空间。

"减"，就是发射航天器的国家应采取措施尽量减少太空垃圾的增加，并对末级火箭采取未燃尽推进剂和高压气体排空，避免末级火箭爆炸。

"清"，就是发展太空清理技术，清除太空垃圾。科学家们想出了很多办法进行清除，如使用高能激光照射轨道碎片，对目标产生不同程度的破坏，迫使轨道碎片改变其原有的飞行状态，降低速度后再入大气层烧毁，或者直接将轨道碎片烧毁。英国科学家计划用立方帆将太空垃圾碎片拖离轨道，使它们更快地坠毁。日本宇宙航空机构与渔具生产商——日东制网株式会社，计划联合研制一款长300米、宽30厘米、由3根强韧灵活的金属纤维制成的新型电磁网，用来清扫围绕地球轨道的太空垃圾等。

航天技术集成了现代尖端科技成果，航天活动充满风险与挑战。

在1967-2004年，据统计，共发生航天灾难25起，其中坠毁11起、爆炸12起、密封舱失火1起，返回舱漏气失压致死1起，已有22名航天员遇难。

1970年，美国由阿波罗13号执行第三次载人登月任务时，土星5号运载火箭成功在肯尼迪航天中心将阿波罗13号发射升空，当阿波罗13号在飞离地球40多万千米时，服务舱氧气罐发生爆炸，航天器严重受损，3位航天员在太空突然面临缺电、低温、缺

阿波罗13号飞船溅落后被安全打捞情景

水、心理恐惧时，最终通过与地面飞控中心密切配合，成功返回了地球，这次登月任务虽然没有完成，但它是世界航天史上一次成功的太空救援行动。尽管进入宇宙的旅程充满风险和挑战，甚至遭遇失败，但人类进入太空的脚步绝不会停止。

有效应对骤冷、骤热的温度环境

骤冷、骤热是太空环境的一个特点。在太空，向阳面的温度可高达100℃，背阳面则冷到-100℃，在远离恒星的空间，环境温度接近于绝对零度，即-273℃。目前运行在近地轨道的各类航天器，由于采取多项措施，对这种剧烈变化的温度环境，已能很好地应对。

具有3套太阳电池阵的国际太空站

将飞船发射、返回风险降到最低

航天器发射与返回时间短、速度快、工作条件非常苛刻，是航天活动两个高风险时段。

航天器在起飞和返回时，即运载火箭发动机在起飞工作和飞船反推火箭点火和熄火时，飞船会产生剧烈的振动，对飞船各系统是一个严峻的考验。航天器加速上升和减速返回时，正、负加速度会使飞船里的航天员产生巨大的

中国神舟7号飞船返回舱成功着陆

超重现象。航天器重返大气层时，高速在稠密大气层中穿行，与空气分子剧烈摩擦，飞船外表面温度高达1000℃左右，使飞船变成一个火球。据有关资料的统计显示，自1990年以来世界航天1600多次发射活动中，成功率是93.7%，其中我国近130次的航天发射活动成功率为94.4%。

现在我国无论是运载火箭还是载人飞船的制造技术已相当成熟，可靠性大大提高，能够将人员安全送入太空和返回地面。例如，我国发射载人飞船的运载火箭长征二号F，可靠性指标达到97%，航天员安全性指标达到99.7%，到目前为止，长征二号F型火箭已经成功地将4艘神舟无人飞船、5艘载人飞船送入太空预定轨道，发射成功率达到100%。

应对失重对身心健康的影响

航天员在太空举行音乐会

专家认为，失重对人的影响是全方位的，包括肌肉、骨骼、内脏功能、免疫系统都会受到严重的影响。失重会造成空间运动病，其症状为出冷汗、恶心、呕吐、头晕，在航天员刚上太空的前3天，空间运动病造成的头晕、呕吐症状最严重，一周以后人体会逐渐适应失重的状态，不适感会消失。长期失重后果则比较严重，会造成骨质疏松、肌肉萎缩、心血管疾病等。不过目前研究已发现，心血管损伤、肌肉萎缩等问题是可以通过药物治疗和强制康复锻炼来弥补。但是骨质疏松的问题是很难解决。为了维持航天员失重环境下肌肉功能，保证航天员保持良好的健康状况和工作状态，我国自主研制成功"太空自行车功量计"—神舟9号执行任务期间，女航天员刘洋就在天宫一号内首次使用"自行车功量计"进行锻炼，通过科学锻炼，可应对失重对身心健康的影响。

第三节　发展太空技术，向宇宙进发的N个理由

发展太空技术，增强综合国力

太空技术，包括航天、空天和深空探测前沿技术，对国家政治、军事、经济和科学技术的发展有着重大的现实意义和深远的影响，太空技术的发展必将进一步增强国家综合国力、增强民族的自信心和自豪感，提高我国的国际地位和国际威望。

推动科学技术发展

太空技术是综合性的高技术，太空技术的发展将促进许多领域的一大批高新技术的发展，如电子技术、计算机技术、遥控遥测遥感技术、新材料新能源技术等。

了解宇宙演化，揭示宇宙奥秘

宇宙空间是人类继陆、海、空之外，另一个新开辟的天疆，蕴藏着无穷的奥秘。尽管人类在探索太空方面取得了很大成就，但对太空的认识还只是初步的，还有许多奥秘需要我们去揭示。如行星和太阳系是如何形成和演化的、人类是不是宇宙中唯一的生命、地球的未来如何等一系列问题，只能通过太空探测活动才能得到解答。

国际太空站

中国东方红四号通信卫星

开发和利用太空资源

　　太空蕴藏着的丰富资源大致可分两大类，一是太空特殊环境资源，二是太空矿物资源。

　　实际上早在20世纪60年代第一颗人造地球卫星发射成功以后，人类就已经开始开发利用太空特殊环境资源了。目前开发利用最多的是太空高远的位置资源，如通信广播卫星、气象卫星，对地观测卫星、导航卫星等，由于利用了太空高远位置资源，从而获得了最佳效益。

航天员在太空做实验

中国风云二号气象卫星

太空开采想象图

在矿物资源方面，需要特别提一下小行星。小行星数量巨多，科学界目前将小行星划分为石质、碳质和金属质等多种类型。这其中最值得开采的是金属型小行星，一颗小行星就像一座矿山。金属型的小行星主要由铁、镍构成，并含有多种其他金属元素，特别是铂、铑、铱、锇等稀有金属。比起月球、火星等星球，小行星还具有独特的开采优势，那就是小行星的重力几乎可以忽略不计，大大方便飞船的起降和采矿设备的应用。

预防太空灾害，避免小行星撞地球

小行星是太阳系内除8大行星和彗星外，绕太阳运行的小型天体。它们大部分位于火星与木星之间的小行星带，小部分位于地球轨道内，与地球非常接近。迄今为止，人类发现的近地小行星已有上千颗，最大的直径有1000千米左右，最小的只有鹅卵石大小。

根据历史记录和科学预测，直径10千米的小天体平均每隔1亿年会与地球相撞1次，直径1千米的小天体撞击地球的概率是10万年1次，直径100米的小天体撞击地球的概率是每1万年1次。尽管小行星撞地球的可能性很小，但不等于没有，因此应未雨绸缪。

随着航天等现代科学技术的发展，人类有很多办法驱离小行星，使其偏离运行轨道，消除它与地球相撞的可能。但关键是如何及早发现可能撞地球的小行星，并掌握它的运行规律，进行空间探测就能很好地解决这个问题。

小行星探测

嫦娥三号发射瞬间

第二章　运载火箭

运载火箭是一种由多级火箭组成的航天运输工具，它依据反作用原理，采用火箭发动机，将人造卫星、载人飞船、空间站或深空探测器等有效载荷送入太空。在运载火箭中，火箭发动机提供了动力保证，推进剂提供了燃烧物质保证，此外还包括控制系统、电子系统、结构系统、载荷舱、分离机构、安全系统等。它必须达到第一或第二宇宙速度，必须达到一定的发射及入轨精度。运载火箭的基本技术与弹道导弹相同，因此，运载火箭是在弹道导弹的基础上发展起来的，且大量运载火箭就是利用弹道导弹改制的。运载火箭一般由2～4级组成，每一级都包括箭体结构、推进系统和飞行控制系统。末级有仪器舱，内装制导与控制系统、遥测系统和发射场安全系统。级与级之间依靠级间段连接。有效载荷装在仪器舱的上面，外面套有整流罩。

火箭矗立在发射塔上

火箭发射瞬间

火箭吊装

中国第一种串并联式火箭长征二号E结构图

有效载荷整流罩

二级氧化剂储箱

二级燃烧剂储箱

舱口排焰式级间段

一级氧化剂储箱

助推器头锥

一级燃烧剂储箱

助推器氧化剂储箱

助推器燃烧剂储箱

芯级和助推器发动机

第一节 运载火箭的原理构成及功能

　　无论是固体火箭还是液体火箭，也不管是单级火箭还是多级火箭，主要都是由结构系统（又称箭体结构）、动力装置系统（又称推进系统）和控制系统三大系统构成。

　　这三大系统称为运载火箭的主系统，它们的工作是否可靠，直接影响火箭飞行成功还是失败。

　　箭体结构是运载火箭的基体，它用来维持火箭的外形，承受火箭在地面运输、发射操作和在飞行中在火箭上的各种载荷，安装连接火箭各系统的所有仪器、设备，把箭上所有系统、组件连接组合成一个整体。

　　动力装置系统是推动运载火箭飞行并获得一定速度的装置。对液体火箭来说，动力装置系统由推进剂输送、增压系统和液体火箭发动机两大部分组成。固体火箭的动力装置系统相对简单，推进剂直接装在发动机的燃烧室壳体内。

　　控制系统的作用是控制运载火箭沿预定轨道正常可靠地飞行。

　　除此之外，火箭上还有一些不直接影响成败的系统，这些系统由箭上设备与地面设备共同组成，如遥测系统、外弹道测量系统、安全系统和瞄准系统等。

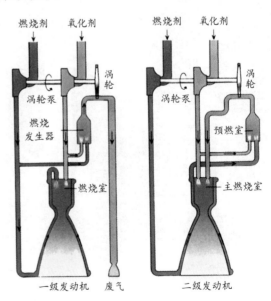

液体火箭发动机结构图

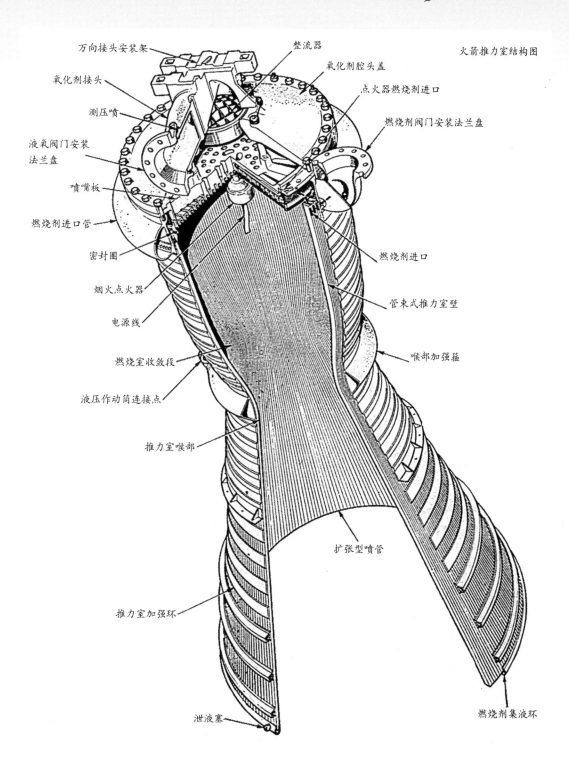

万向接头安装架

整流器

火箭推力室结构图

氧化剂腔头盖

氧化剂接头

点火器燃烧剂进口

测压喷

燃烧剂阀门安装法兰盘

液氧阀门安装
法兰盘

喷嘴板

燃烧剂进口管

燃烧剂进口

密封圈

烟火点火器

管束式推力室壁

电源线

喉部加强箍

燃烧室收敛段

液压作动筒连接点

推力室喉部

扩张型喷管

推力室加强环

泄液塞

燃烧剂集液环

如果看火箭的内部剖面，会发现液体火箭的箭体主要由推进剂贮箱、仪器舱、推力结构、尾段、有效载荷整流罩等组件组成。推进剂储箱占了箭体很大一部分空间，它用来存贮推进剂。推进剂储箱必须密封，装上推进剂后不能有泄漏。存储箱一般为圆筒形。

仪器舱是集中安装控制系统和其他系统的仪器、设备的舱段。

推力结构是用来安装发动机并把推力传给箭体的承力组件。

尾段在箭体的最后部位。它不仅是个发动机舱，而且在整个火箭竖立在发射台上时起支撑作用。

串联式多级火箭在级与级连接的部位还有一个级间段，它是级与级分离的部位。

火箭的级间段

火箭控制系统测试

箭体结构是运载火箭的基体，它把运载火箭各系统组合在一起形成一个完整的整体。如果把火箭比作一个人，那么箭体结构就是火箭的身体。为减小空气阻力，火箭的箭体一般都具有良好的气动外形，以保证飞行性能；在保证箭体结构有足够的强度和刚度条件下，质量要轻；在满足使用要求和可靠性的情况下，结构尽量简单；要有足够的空间用来安装运载火箭上所有仪器、设备，并满足它们正常工作所需的环境条件，如压力、温度和振动等要求。

头部整流罩
分离发动机
上浮系统
主降落伞
电子仪器
点火器
与外贮箱接连装置

固体推进剂

与外贮箱接连装置

固体推进剂

喷管连接关节
分离发动机
发射台接点
尾裙
喷管
绝热层

固体火箭助推器结构图

固体火箭发动机试车

火箭的卫星整流罩

对固体火箭而言，其箭体结构除了没有推进剂储箱、箱间段和发动机架外，其他与液体运载火箭的箭体结构基本相同。

有效载荷整流罩位于运载火箭前端。当火箭在大气层内飞行时，它用来保护有效载荷不受气动力和气动加热的影响；当运载火箭飞出大气层后，它已不起作用，此时，为减轻火箭质量，整流罩被抛掉。用于运送载人飞船的运载火箭，在其整流罩的上端装有逃逸救生火箭。当运载火箭在飞行中出现不正常情况危及航天员生命时，逃逸火箭立即点火，带着整流罩和整流罩内的载人飞船一起迅速脱离运载火箭，飞向一个安全区。

第二节　中国神箭家族

　　1956年10月，中国第一个火箭导弹研究机构——国防部第五研究院在北京成立。几十年来，经过几代航天人的努力，长征系列运载火箭经历了从无到有、从导弹仿制到独立研制、从串联到捆绑、从单星发射到多星发射、从常温推进剂到低温推进剂、从发射卫星到发射载人飞船的过程，具备了发射各种不同轨道卫星的能力，取得了举世瞩目的成就，并在国际商业卫星发射服务市场占据了一席之地。

　　几十年来，长征系列运载火箭的发射成功率不断提高。从1970年4月到1996年10月26年间，中国长征系列运载火箭共发射43次，成功36次，失败7次，成功率为83.7%；而从1997年5月至2013年12月的16年间，长征系列运载火箭共发射144次，成功141次、部分成功1次、失败2次，成功率接近98%。特别是1996年10月至2009年4月，长征系列火箭创造了连续75次发射成功的纪录。

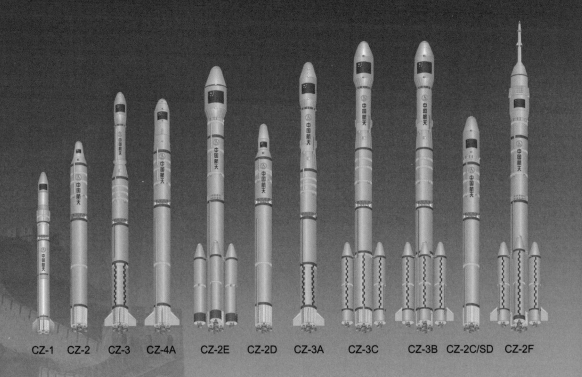

CZ-1　CZ-2　CZ-3　CZ-4A　CZ-2E　CZ-2D　CZ-3A　CZ-3C　CZ-3B　CZ-2C/SD　CZ-2F

长征一号

长征一号是为发射我国第一颗人造地球卫星——东方红一号而研制的三级运载火箭。它的第一级、第二级火箭采用当时的成熟技术，并为发射卫星做了适应性修改，第三级是新研制的以固体燃料为推进剂的上面级。1967年11月，决定由中国运载火箭技术研究院负责研制。1968年初，完成了火箭的总体设计，之后又用了两年左右的时间完成了各种大型的地面试验。1970年4月24日，长征一号火箭首次发射，将中国第一颗人造地球卫星——东方红一号顺利送入轨道，发射获得圆满成功。

长征一号火箭

东方红一号卫星

长征一号火箭矗立在发射塔前

实践一号卫星

实践一号卫星在技术厂房

1971年3月3日，长征一号火箭第二次发射，把实践一号科学试验卫星准确送入轨道，又一次取得圆满成功。相对于70°倾角、440千米高的圆轨道，长征一号火箭的运载能力为300千克，此火箭共进行了2次发射，均获得成功。

长征一号的研制成功，揭开了我国航天活动的序幕。

长征二号家族

　　长征二号是中国研制的一种两级运载火箭。火箭全长31.17米，芯级最大直径3.35米，运载能力在近地轨道时为1.8吨。1975年11月26日，成功将我国第一颗返回式卫星准确送入轨道。

　　此后，我国在长征二号火箭的基础上，先后研制出长征二号丙、长征二号丙改进型、长征二号捆绑式、长征二号F，以及在长征四号第一级、第二级基础上研制的长征二号丁等火箭，使得长征二号系列成为长征火箭中"兄弟"最多的一个系列。

长征二号丁火箭

　　长征二号丁火箭是在长征四号第一级、第二级火箭成熟技术基础上研制的两级液体推进剂火箭。火箭全长33.67米，芯级最大直径3.35米，近地轨道运载能力为3.1吨。该火箭主要用于发射返回式卫星。1992年8月9日首次发射成功。

长征二号F型火箭是中国目前唯一用于发射载人飞船的火箭。它是在长征二号E型即"长2捆"火箭的基础上，按照载人航天工程总体任务和技术指标要求而研制的。

1999年11月20日，中国第一艘载人试验飞船"神舟号"，在中国酒泉卫星发射中心，由长征二号F运载火箭发射升空。

长征二号F型火箭

长征二号E型火箭

长征二号捆绑运载火箭，简称长二捆，是一枚大型两级捆绑式运载火箭，在其一级外部捆绑有四个直径为2.25米，高为15米的助推器。长二捆运载火箭主要用于发射近地轨道（LEO）有效载荷。配以合适的上面级，可进行中高低轨道、地球同步转移轨道等卫星的发射。

长征二号丙改进型火箭

长征二号丙火箭是在长征二号基础上改进设计研制的，采用大推力液体火箭发动机，箭长约43米，近地轨道的运载能力增加到3.9吨，火箭的可靠性也大大提高。在长征二号丙火箭基础上研制的长征二号丙改进型火箭是一种三级火箭，它在"长二丙"的基础上增加了一个上面级，新增的上面级相对独立、自成体系，功能等同于一枚小火箭。

长征三号家族

　　长征三号运载火箭是三级火箭，第一级、第二级是在长征二号丙火箭的基础上研制的，它的三级采用了低温高能液氢液氧发动机。火箭全长44.86米，地球同步转移轨道运载能力为1.6吨。长征三号火箭的成功发射，是中国运载火箭发展史上的一个重要里程碑，标志着中国运载火箭技术跨入世界先进行列。它首次采用了液氢、液氧作火箭推进剂，首次实现火箭的多次启动，首次将有效载荷送入地球同步转移轨道。长征三号火箭首次发射失败，1984年4月8日第二次发射，成功地将东方红二号通信卫星送入预定轨道。

　　1990年4月7日晚9时，长征三号火箭成功发射了由美国休斯公司制造的"亚洲一号"通信卫星，成为第一枚发射外国卫星的中国火箭。

长征三号火箭成功发射"亚洲一号"通信卫星　　　　东方红二号试验通信卫星

火箭在技术厂房

长征三号甲火箭是三级火箭，继承了长征三号火箭的成熟技术，采用了新设计的液氢液氧三子级。火箭全长 52.52米，主要发射地球同步转移轨道的有效载荷，其地球同步转移轨道的运载能力为2.6吨。1994年2月8日，第一枚长征三号甲火箭在西昌卫星中心发射成功，将一颗实验四号空间探测卫星和一颗"夸父一号"模拟卫星送入地球转移轨道。

长征三号甲火箭发射升空

长征三号乙火箭是在"长三甲"和"长二捆"火箭成熟技术基础上研制的三级大型液体捆绑式运载火箭，其芯级与"长征三号甲"火箭基本相同，一子级壳体捆绑4个标准液体助推器。火箭全长54.84米，主要发射地球同步转移轨道的重型卫星。其地球同步转移轨道的运载能力为5.4吨。

长征三号丙运载火箭是在"长三乙"火箭的基础上研制的，主要改进是减少了两个助推器并取消了助推器上的尾翼。火箭全长54.84米，主要发射地球同步转移轨道的有效载荷，可以进行一箭多星发射或发射其它轨道的卫星。其地球同步转移轨道的运载能力为3.8吨。

长征三号乙火箭

长征三号丙火箭

长征四号家族

　　长征四号系列火箭是我国发射太阳同步轨道卫星的主力火箭，因此被称为"追赶太阳的火箭"。

　　在茫茫太空中，有一类卫星由于每天出现在人们头顶的时刻总是像太阳升起一样准时，而被称为太阳同步轨道卫星。这类卫星主要为人类提供气象预报、环境资源勘测等服务，如中国的风云一号气象卫星、资源一号卫星等。在这些大名鼎鼎的卫星背后，每一次人们都能看到长征四号运载火箭的英姿。

　　长征四号火箭是三级火箭，第一、第二、第三级均采用常规液体推进剂。火箭全长41.9米，起飞推力约300吨。后来经过改进，形成了长征四号乙和长征四号丙两种型号。

长征四号甲运载火箭

长征四号甲运载火箭在技术厂房

资源一号卫星转运

长征四号乙火箭发射升空

长征四号甲运载火箭是用于发射太阳同步轨道卫星的。它可把1.6吨重的卫星送入900千米高的太阳同步轨道，还可将3.8吨重的卫星送入高400千米、倾角70°的低地球轨道。长征四号甲采用了多项新技术，如采用数字式姿态控制系统、双向摇摆伺服机构、三级单层结构共底贮箱等，具有研制成本低、可靠性高、适应性强、操作方便等优点。长征四号甲火箭还具有一箭多星发射技术的能力。

长征四号乙火箭是在长征四号火箭基础上发展的一种运载能力更大的运载火箭。火箭全长45.58米，900千米高度极地轨道的运载能力为1.45吨。

长征四号丙火箭是在长征四号乙火箭的基础上经大量技术状态改进设计而成，以全面提高火箭的任务适应性和发射可靠性。"长四丙"可以满足多种卫星在发射轨道、重量等方面更高的要求。

长征四号系列火箭的适应性很强。它能够在国内的酒泉、太原、西昌三个发射场发射各种用途的卫星。有专家戏称："'长四'就像一辆卡车，无论是'工业品''农副产品'还是'精密仪器'都能装到车上，安全送到目的地。"

长征四号丙火箭

中国未来的火箭

随着我国航天事业的高速发展，多星际航行的要求越来越高，探测火星和登陆月球，都需要更大更先进的新一代大型运载火箭，为此，中国开始研制长征五号运载火箭。随着推力为120吨的YF-100液氧煤油发动机和推力为50吨的YF-77氢氧发动机先后完成长程试车，海南文昌航天发射基地审批立项，中国新一代、组合化的运载火箭系列长征五号的研制也进入关键阶段。

长征五号运载火箭系列以120吨和50吨两种发动机为基础，构成5米直径、3.35米直径和2.25米直径三种模块，形成"通用化、系列化、组合化"的新一代运载火箭系列。其中5米模块包含两个50吨级的YF-77发动机，3.35米模块则包含两个120吨级的YF-100发动机。模块化设计的好处是可以根据需要把不同模块组装成不同推力的火箭，以执行不同的任务。新一代大型运载火箭起飞质量约800吨，起飞推力约1060吨，整流罩直径5.2米，可以发射地球同步转移

国产重型长征五号火箭全貌

轨道、奔月轨道和其他深空探测转移轨道的航天器。它的第一级芯级采用5米直径模块，装配了2台50吨氢氧发动机；捆绑助推器采用4个3.35米直径模块，每个助推器采用2台120吨液氧/煤油发动机；第二级采用改进的长征3号甲的三级氢氧发动机作为主动力，可两次启动，另外采用无毒无污染辅助动力系统。

在长征五号重型运载火箭和海南文昌航天发射基地问世后，中国航天将具备25吨的近地轨道运载能力和12吨的地球同步轨道运载能力，可发射20吨级长期有人照料的空间站、大型空间望远镜、返回式月球探测器、深空探测器、超重型应用卫星，推动中国空间应用产业、载人航天技术和天文科学的发展，也必将大大提高中国在国际航天发射市场上的竞争能力。预计，中国新一代运载——火箭长征五号不久将实现首飞。

建设中的海南文昌航天发射基地

第三节　长征系列运载火箭实现200次发射

长征系列运载火箭实现200次发射

2014年12月7日11时26分，中国自主研制的长征四号乙运载火箭在太原卫星发射中心将中巴地球资源卫星04星准确送入预定轨道。这是长征火箭的第200次发射。第200次发射不过是一次普通的发射，但长征火箭累计达到200次背后传递的信息则耐人寻味。首先，长征火箭的第一个100次发射，从1970年到2007年，历时37年；而第二个100次发射，从2007年到2014年，历时仅7年。这说明，经过40多年的发展，长征火箭实现了从单发生产到批量生产、从低密度发射到高密度发射的飞跃。其次，长征火箭前100次发射成功率为93%，第二个100次的发射成功率大幅提升至98%。这一数据与欧洲"阿里安"火箭并列世界第一，说明长征火箭的可靠性、安全性等方面达到了世界领先水平。

第四节　争奇斗艳的各国运载火箭

对于任何国家而言，运载火箭技术都是发展航天事业的基础。目前，除中国外，能够研制运载火箭的国家和地区组织包括美国、俄罗斯、欧洲空间局、日本、印度等。因为基本国情、发展道路、技术储备、工业基础的不同，这些国家和地区研制出了各具特色的系列火箭，形成了异彩纷呈火箭大家族。

联盟号系列火箭

俄罗斯　苏联研制的东方号是世界上第一种航天运载火箭系列，它创造了多个"世界第一"。其中的一些火箭因发射不同的航天器而获得不同的命名，如"卫星号""月球号""东方号""联盟号""闪电号"等。

目前，世界上发射次数最多的火箭是俄罗斯（前苏联）的联盟号系列火箭。同时，联盟号系列也是可靠性和安全性比较高的火箭。从1963—2011年底，联盟系列火箭共进行了1190次发射，成功率达到97%。

俄罗斯质子运载火箭

美国土星运载火箭

美国 美国的土星系列运载火箭，是由冯·布劳恩火箭研究小组为实现阿波罗登月计划而研制的。1969年7月16日，土星五号火箭把阿波罗11号飞船及航天员送入太空，执行首次登月任务。

土星五号是人类迄今为止最高、最重、推力最大的火箭，堪称火箭中的"巨无霸"。它的起飞重量为3000吨，直径10米，连同它顶部的阿波罗飞船和逃逸火箭一起高度达到111米，近地轨道运载能力达到119吨，可把重达50吨的阿波罗飞船送入登月轨道。

猎鹰系列运载火箭由美国太空探索技术公司研制，是世界上第一种由私人资本研制的火箭。

猎鹰9号是世界上第一种可完全回收的火箭，可以多次使用。它也是两级液体运载火箭，近地轨道运载能力达到10.45吨，同步转移轨道运载能力达到4.54吨。2010年6月4日，猎鹰9号首次飞行，成功地将"龙"飞船模型送入轨道。

美国研制的德尔塔系列运载火箭自1960年5月首发以来，创造了多项世界第一，如发射了第一颗国际卫星、第一颗地球同步轨道卫星、第一颗商业通信卫星等。

德尔塔是美国波音公司研制的一种液体推进剂系列火箭，包括二级火箭、三级火箭及加上多枚捆绑式助推火箭的多个型号。德尔塔火箭有着非常突出的可靠性和安全性，并因其出色的发射成功记录而获得大量订单，被称为"太空最繁忙的运载火箭"。

猎鹰9号运载火箭

德尔塔运载火箭

欧洲 阿丽亚娜系列火箭是1973年由法国提议并联合西欧11个国家共同成立的欧洲空间局研制的，目的在于实现并保持欧洲独立进入太空的能力。该系列火箭先后有5代型号。

为争取更多国际卫星发射市场上的用户，欧空局研制了阿丽亚娜2型和阿丽亚娜3型火箭，并于1984年起取代阿丽亚娜1。阿丽亚娜3与阿丽亚娜2的不同在于，前者在后者的基础上捆绑了两台固体助推器，近地轨道运载能力从5吨增加到5.8吨，地球同步转移轨道运载能力从约2.2吨提高到约2.9吨。

阿丽亚娜4型是在阿丽亚娜3型的基础上研制的，主要目的在于提高运载能力，具有双星和多星发射能力，适应多种发射形式，降低发射成本。阿丽亚娜4型有6种子型号，低地轨道运载能力从4.6吨到9.4吨、地球同步转移轨道从1.9～4.2吨均匀分布，组合方式灵活，有较强的适应性。1988年6月发射成功后，阿丽亚娜4型取代了阿丽亚娜2型和阿丽亚娜3型，承担了多次发射任务，被誉为"太空中的老黄牛"。

阿丽亚娜运载火箭

印度运载火箭

印度 印度从1973年开始研发航天运载火箭，目前已成功研发了四种型号的运载火箭，它们因承担不同的发射任务而获得不同的命名，即卫星运载火箭(SLV3)，加大推力卫星运载火箭(ASLV)，极地轨道运载火箭(PSLV)，地球同步运载火箭(GSLV)。

日本的H2火箭

日本　H系列运载火箭由日本研制，分为H1系列和H2系列。

由于H2火箭的发射成本太高，日本在1995年就启动了替换型号H2A系列运载火箭的研制。H2A火箭着眼于降低成本和提高可靠性，以及火箭设计和工艺的改进，H2A火箭的成本大幅度降低。通过助推器的灵活配置，H2A火箭的地球同步转移轨道运载能力可在4～6吨灵活调节，满足发射不同卫星的需求。

H2B是H2A的升级版本，火箭长56.6米，是以液氧/液氢为推进剂的二级火箭，地球同步转移轨道最大发射能力约8吨，低地轨道的最大发射能力达16.5吨。H2B研制目的之一是将日本研制的货运飞船送往国际空间站；目的之二是组合使用H2A和H2B火箭。2009年9月11日，H2B火箭第一次发射，成功地将希望号货运飞船送往国际空间站。

韩国　韩国首枚运载火箭罗老号因在韩国的罗老岛罗老宇航中心发射而得名。

罗老号为两级火箭，一级火箭由俄罗斯赫鲁尼切夫国家航天研究和生产中心制造，使用的是俄"安加拉"运载火箭的技术，推力为170吨；二级火箭为固态燃料火箭，由韩国制造，推力为8吨。火箭总重140吨，长33米，直径2.9米。

韩国首枚运载火箭罗老号

第三章 人造卫星

第一节 人造卫星的飞行原理与组成

飞行原理

用一根绳子拴块小石子，另一头握住手里，如果以手为中心，以绳子的长度为半径让石子作圆周运动，这时小石子受到两种力的作用，一种是使石子脱离圆周运动的力，称离心力；另一种就是手拉绳子的力，称为向心力，当离心力大于向心力时，石子就会被甩出去，当向心力大于离心力时，石子会被拉回来，只有这两种力大小相等、方向相反时，石子才能继续保持圆周运动。卫星的飞行原理，基本与它相仿。

首先火箭起飞后，给予人造地球卫星以第一宇宙速度(7.9千米/秒)，在这个速度下，卫星在作圆周运动时所产生的脱离地球的离心力恰好与地球对它的引力(向心力)相等，因此卫星就会绕地球飞行。第一宇宙速度称为环绕速度。在不同的高度上，卫星绕地球飞行的速度是不同的。如表所示。

卫星离地面距离与具有的速度关系							
卫星离地面距离（千米）	200	400	800	2000	4000	10000	35778
卫星需具有的速度(千米/秒)	7.79	7.67	7.46	6.90	6.20	4.93	3.075

人造卫星的组成

　　人造地球卫星由两大部分组成，即卫星平台和有效载荷。卫星平台就是各种卫星都应具备的系统，如结构系统、温度控制系统、电源系统、无线电测控系统、姿态控制系统和轨道控制系统等。有效载荷是指用于实现卫星的应用目的的仪器设备，如遥感卫星使用的照相机、通信卫星上使用的通信转发器和通信天线、科学卫星的探测器等。有效载荷可以根据任务的不同而更换，但卫星平台一般不用改变。就如同乘客与公共汽车的关系，但汽车本身不用改变。

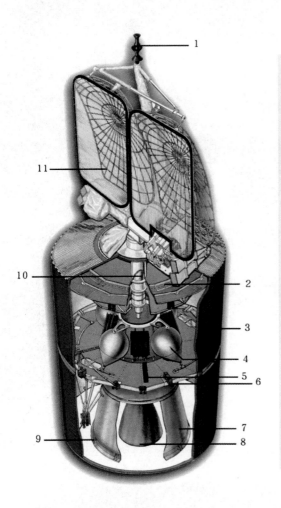

美国通信卫星一号结构图

1. 遥测和指令天线，用于发射卫星数据和接收地面指令
2. 电子仪器舱，内有通信接收机、放大器和接收机
3. 每分钟自旋转60转已获得旋转稳定，表面覆盖太阳能电池帆板，从阳光中获取电能
4. 定位和定向系统
5. 蓄电池组，储存太阳电池产生的电能。当卫星进入地阴时给卫星供电
6. 太阳和地球敏感器，使卫星保持固定位置的基准装置
7. 助推器结合器
8. 远地点发动机，在卫星与运载火箭分离后，将卫星推到同步轨道
9. 轴向喷管
10. 支轴和动力传动装置，因为必须保持天线指向地球，所以支轴安装在旋筒与不旋转的顶部之间
11. 通信天线，接收和发射通信信号，备有使用相同频率使用两次的水平和垂直极化扫描器，使卫星有效增容增加2倍

第二节　人造卫星的飞行轨道

卫星飞行轨道的种类

所谓卫星飞行轨道，就是卫星绕地球飞行的轨迹，是一条围绕地球的封闭曲线。人造地球卫星的用途非常广泛，而不同用途的卫星要求不同的飞行轨道。

按轨道形状：有圆形和椭圆形两种。

按离地面的距离划分：有低轨道（500千米以下）、中轨道（500~2000千米）和高轨道（2000千米以上）。

按卫星飞行的方向：与地球自转方向相同的，叫顺行轨道，与地球自转方向相反的叫逆行轨道，在地球赤道上空飞行的轨道，叫赤道轨道，通过地球南北两极飞行的轨道叫极轨道。

卫星轨道形成的平面叫轨道平面，它总是通过地心的。轨道平面与地球赤道形成的平面（叫赤道平面）的夹角叫轨道倾角，倾角小于90°为顺行轨道；大于90°为逆行轨道；等于90°为极地轨道；倾角为0，即轨道平面与赤道面重合，为赤道轨道。

1970年4月24日，中国成功发射第一颗人造卫星——东方红一号卫星。

中国实践一号科学实验卫星

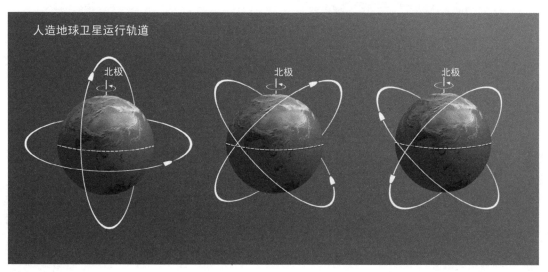

两条特殊的轨道

地球静止轨道

轨道高度为35786千米时，卫星的运行周期和地球的自转周期相同，这种卫星轨道叫地球同步轨道，如果地球同步轨道的倾角为零，则卫星正好在赤道上空，以与地球自转相同的角速度绕地球飞行，从地面上看去，好像是静止的，这种卫星轨道叫地球静止轨道，它是地球同步轨道的特例。地球静止轨道只有一条，利用这种轨道进行通信或监测具有独特的优越性，是极为宝贵的空间资源。

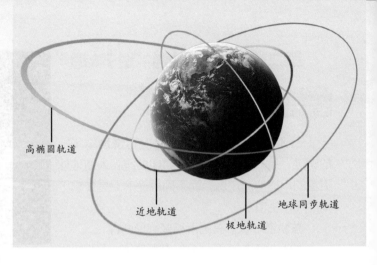

高椭圆轨道　近地轨道　极地轨道　地球同步轨道

太阳同步轨道卫星

虽然卫星的轨道是不变的，但由于地球在自转，所以卫星轨道平面总是绕地球自转轴在旋转。如果卫星的轨道平面绕地球自转轴的旋转方向、角速度与地球绕太阳公转的方向和角速度相同，则它的轨道叫太阳同步轨道。太阳同步轨道为逆行轨道，倾角大于90°。选用这种轨道的优点是能保证卫星在观测地球上同一地区时的光照条件基本相同，便于图像对比。这对于对地观测卫星来说特别重要，同时还有利于太阳能电池的有效利用，并实现对全球的覆盖。

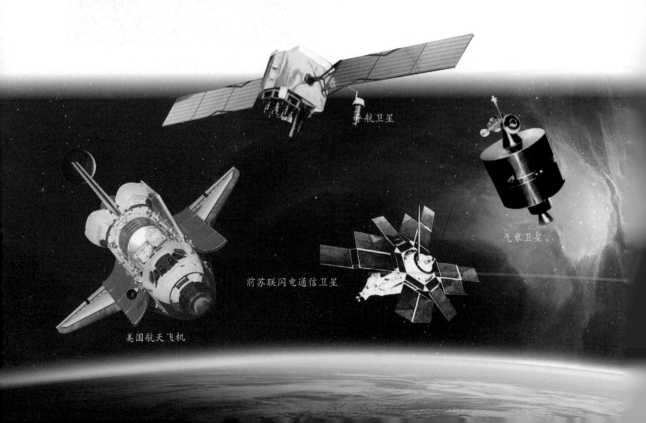

导航卫星

气象卫星

美国航天飞机

前苏联闪电通信卫星

如何选择卫星轨道

卫星轨道的选择，是根据卫星的任务和应用要求确定的。圆形轨道可使卫星飞行的速度和离地面的高度保持不变，速度方向平行地平线，而低轨道可提高地面摄影的分辨率。

空间环境探测卫星等，常采用椭圆轨道，可以探测距地球不同距离的环境参数。

对全球进行观察和拍照的气象和侦察卫星，常常采用极轨道，它可以从全球任何地区上空飞过。

需要在相同时刻对固定地区进行观测和拍照的气象和侦察卫星，常常采用太阳同步轨道，它可以在相同光照条件下，对同一地区进行观测和拍照。通信卫星常常采用地球同步或地球静止轨道，它可以向同一地区不断地传送信息。没有特殊要求的卫星，为了借助地球自转的速度，节省运载火箭的能量，一般采用顺行轨道。

卫星绕地球运行遵循天体力学规律

人造卫星的运行，可以用近地点、远地点、倾角、周期等参数来描述，它们可以决定轨道的大小、形状和空间方位。根据开普勒三定律：

当人造地球卫星的运行轨道是一个椭圆时，则地心位于椭圆的一个焦点上，多数卫星的轨道是椭圆形的，它的形状和大小由长轴和短轴决定。长短轴相等，即圆轨道；长短轴相差越多，椭圆形越偏长；长短轴的数值越大，轨道越高；卫星与地球最近和最远的一点，分别叫近地点和远地点，它们分别是长轴的两端。

卫星在椭圆轨道上运行时，各点的运行速度是变化的，在近地点处卫星运行的速度最大，而在远地点处速度为最小。卫星速度的变化，服从"开普勒"面积守恒规律，即卫星的向径（卫星至地心的连线）在相同的时间内所扫过的面积相等。

卫星在椭圆轨道上运行的周期（绕地球飞行一圈的时间），取决于轨道的半长轴，并与半长轴的3/2次方成正比，不管卫星运行轨道形状如何，只要它们的半长轴相同，其运行的周期就是一样的。

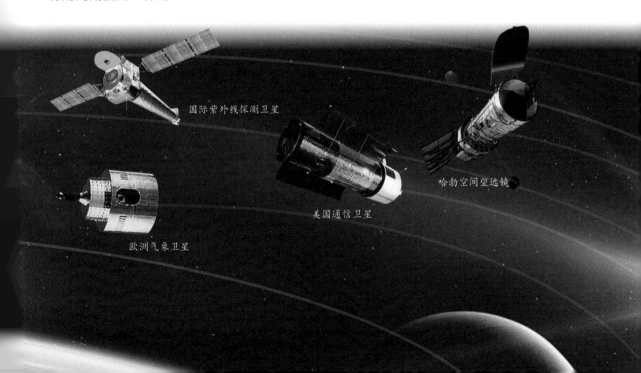

国际紫外线探测卫星

哈勃空间望远镜

美国通信卫星

欧洲气象卫星

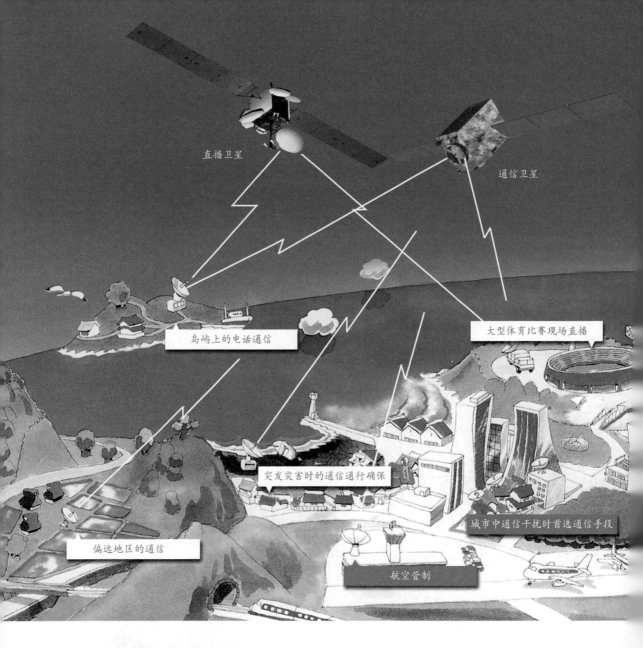

直播卫星

通信卫星

岛屿上的电话通信

大型体育比赛现场直播

突发灾害时的通信通行确保

偏远地区的通信

城市中通信干扰时首选通信手段

航空管制

第三节　人造卫星的种类

　　人造卫星是发射数量最多、用途最广的航天器。人造卫星种类繁多，有各种分类方法，如可以按运行轨道不同进行分类，可以按是否返回地球进行分类，也可以按卫星质量大小进行分类，但最常用的是按用途进行分类。按卫星的用途人造卫星可分为：科学卫星、技术试验卫星和应用卫星三大类。

科学卫星

　　科学卫星是用于科学探测和研究的人造卫星，主要包括空间物理探测卫星、天文卫星、微重力科学实验卫星等，探测空间环境中的高能带电粒子、等离子体、微流星体、磁场、电场等的空间物理探测卫星；对宇宙天体进行观测研究的天文卫星，以及对各种物质在空间微重力条件下的行为和特征等进行实验研究的微重力科学实验卫星等。

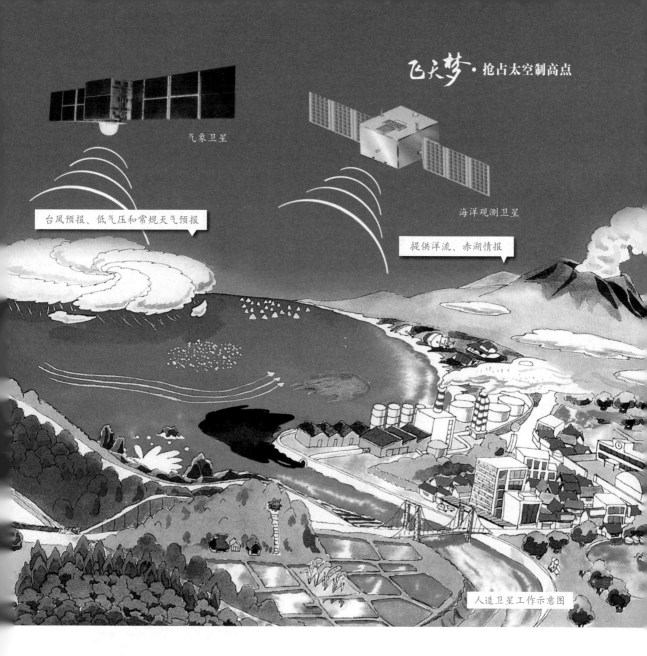

气象卫星

海洋观测卫星

台风预报、低气压和常规天气预报

提供洋流、赤湖情报

人造卫星工作示意图

技术试验卫星

利用空间的特殊环境进行空间应用技术的原理性或工程性试验的人造卫星，包括空间技术的新原理、新技术、新方案、研制新仪器设备和特种材料等，利用卫星在轨道上进行试验，试验成功后投入使用，技术试验卫星还进行卫星性能等试验。

应用卫星

应用卫星是直接为国民经济、军事活动和文化教育服务的人造卫星。在各类人造卫星中，应用卫星发射数量最多，种类也最多。各种应用卫星按其工作基本特性，可分为三大类，即对地观测类、无线电中继类和导航定位类；按其是否专门用于军事，可分为民用卫星和军用卫星，也有许多应用卫星是军民两用的；按用途可分为通信卫星、气象卫星、地球资源卫星、海洋卫星、导航卫星、小型卫星等。

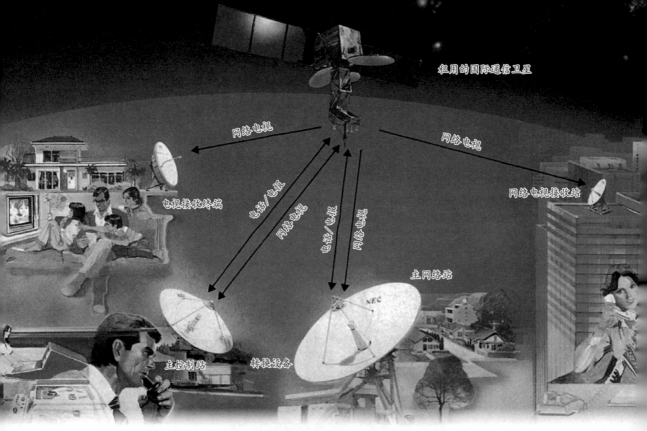

租用的国际通信卫星

网络电视

网络电视

电话/电报

电视接收终端

网络电视接收站

网络电视

电话/电报

网络电视

主网络站

主控制站

转换设备

卫星通信原理

第四节　我们身边的卫星

通信卫星

通信卫星是用于中继无线电通信信息的人造卫星。它通过转发无线电通信信号，实现地面诸地球站（含手机终端）之间或地球站与航天器之间的通信。作为无线电通信中继站，通信卫星就像一个国际信使，收集来自地面的各种"信件"，然后再"投递"到另一个地方的用户手里。由于它是"站"在36000千米的高空，所以它的"投递"覆盖面特别大，一颗卫星就可以负责1/3地球表面的通信。如果在地球静止轨道上均匀地放置3颗通信卫星，便可以实现除南北极之外的全球通信。通信卫星的出现使通信技术发生了重大变革，并且促进形成了一门新的通信技术——卫星通信。卫星通信具有通信距离远、容量大、质量高和灵活机动等优点，已成为现代通信的重要手段。

东方红二号甲通信卫星

东方红3A卫星平台

通信卫星按其业务涉及的范围可以分三类：国际通信卫星、区域通信卫星和国内通信卫星。国际通信卫星是主要经营国际电信业务的通信卫星，其中最著名的是国际通信卫星组织所经营的国际通信卫星(INTELSAT)；区域通信卫星是某个地区的多个国家共同使用的通信卫星，如亚洲卫星、亚太卫星等。国内通信卫星是用于覆盖本国领土的通信卫星。由于国内通信卫星建造费用较低，投入运行周期短，因此颇受发展中国家的青睐。按用途可分为电视广播卫星、移动通信卫星、海事通信卫星、航空通信卫星、跟踪和数据中继卫星、音频广播卫星、军用通信卫星等。

1965年4月6日美国成功发射了世界第一颗实用静止轨道通信卫星—国际通信卫星1号。现在美国、俄罗斯和中国等都发射了多颗各种用途的通信卫星。

东方红四号卫星

中国已发射东方红二号和二号甲通信卫星5颗、基于东方红三号卫星平台的静止轨道通信卫星9颗。东方红三号通信卫星为2.22米×1.72米×2.2米的箱体，质量2330千克，装有24个C波段转发器，可连续向全国同时传输6路彩色电视节目和15000路电话，工作寿命8年。2006年开始发射使用新一代大型静止轨道卫星公用平台的东方红四号通信卫星，具有携带38个C波段转发器、16个Ku波段转发器的能力，有效载荷承载能力达595千克，设计寿命15年。此外，还利用东方红三号卫星平台研制发射成功以"中星"、"鑫诺"等命名的6颗通信卫星和3颗"天链一号"数据中继卫星。采用东方红四号卫星平台的通信卫星质量5000多千克，有效载荷450~600千克，载有12台Ku、14台C和2台Ka频段转发器，设计寿命15年。中国通信卫星的整体性能达到了国际同类通信卫星的先进水平。

东方红二号通信卫星在调试

中国风云一号气象卫星

气象卫星

气象卫星是从太空对地球及其大气层进行气象观测的人造地球卫星，是一个高悬在太空的自动化高级气象站。这类卫星上所载的各种气象遥感器，能够接收和测量地球及其大气的可见光、红外光与微波辐射，并将它们转换成电信号传送到地面，地面接收站再把电信号复原绘出气象卫星云图，提供对天气分析与预报非常重要的遥测资料。

中国风云二号气象卫星

气象卫星的出现使气象观测技术发生了重大变革，气象卫星观测地域广阔、观测时间长、观测时效快、不受自然条件限制，因而大大提高了气象预报的水平，它所提供的气象信息已广泛应用于日常气象业务、环境监测、大气科学、海洋学和水文学的研究，特别是对灾害性天气的监视和预报起着重要作用。

气象卫星按轨道分为两类，即太阳同步气象卫星和地球静止气象卫星，前者可使气象工作者每天可以了解到全球大气的变化情况，后者可在同一大范围地区进行连续观测。

中国风云三号气象卫星放入整流罩

气象卫星也是世界上应用最广的卫星之一，美国、苏联/俄罗斯、法国和中国众多国家都发射了气象卫星。

中国已经研制发射了4颗风云一号和3颗风云三号极轨气象卫星、5颗风云二号静止气象卫星。第一代风云一号极轨气象卫星高1.2米，长宽各1.4米，质量750千克，通体为一方形匣子，太阳能电池翼展开长8.6米。第二代风云三号极轨气象卫星尺寸为4.44米×1.0米×3.97米，质量2.3吨，运行在837千米高的轨道上，装有8种11台探测仪器。2013年9月23日第三颗风云三号气象卫星发射成功，进一步完善了全球、全天候、多光谱、三维、定量遥感的气象监测能力。第一代风云二号静止气象卫星呈圆柱体，发射状态的直径2.1米，高1.6米，质量1389千克，每25分钟获取一幅地球全景圆盘图，所获得的可见光、红外和水汽云图质量达到国际自旋静止气象卫星的先进水平。

中国风云一号气象卫星在厂房装配

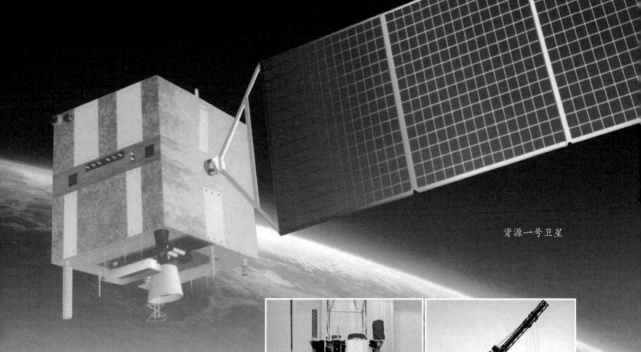

资源一号卫星

地球资源卫星

  地球资源卫星是用于勘测和研究地球资源的卫星，如对农林、土地、海岸、水文和矿产等资源的勘测。地球资源卫星是利用其携带的遥感器，获取地物目标辐射和发射的多种波段的电磁波信息，并将这些

资源一号卫星总装现场

资源一号卫星吊装

信息发送给地面，地面应用系统根据已掌握的各类物质的波谱特性，对这些信息处理和判读，从而得到各类资源的特征、分布和状态等资料。

  地球资源卫星的出现使地球资源观测技术发生了重大变革，许多丰富的资源至今还沉睡在人类尚未涉足的深山老林、茫茫沙漠和浩瀚大洋之中，用传统的勘探方法远远满足不了资源勘探的需求，用资源卫星便能迎刃而解，它能够迅速、全面的获取各种地球资源的情况。

  中国已研制发射资源一号卫星4颗、资源二号卫星3颗、资源三号卫星1颗。资源一号卫星运行在圆形太阳同步轨道上，长2米，宽1.8米，高3.5米，质量1540千克，采用单太阳电池翼，功率1100瓦，设计寿命2年。资源二号质量为2800千克，两台相机能覆盖地面59千米，分辨率达5米。2004年11月资源二号卫星实现3星组网，并都超期服役。2012年1月9日发射第一颗资源三号高分辨率光学传输型立体测绘卫星，集测绘和资源勘查功能于一体，进一步提高了国土资源勘测和环境监测水平。

资源二号卫星在测试

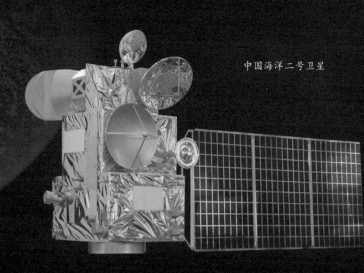

中国海洋二号卫星

海洋卫星

　　海洋卫星又称海洋观测卫星，是专门用于观测和研究海洋的人造卫星。利用气象卫星、地球资源卫星可以获得一些有关海洋现象的信息，但是由于海洋现象和变化的特殊性，对其观测和研究需要专门的海洋卫星。这类卫星携带海洋遥感器，主要是红外和微波遥感器，能够接收海洋辐射和发射的电磁波信息，并将这些信息发送给地面，经处理可以获取反映海洋现象和变化的各种重要信息。海洋卫星具有快速、连续、大范围和可同时观测多个参数等特点，对全球海洋环境和海洋资源的观测与研究发挥了重要作用。海洋卫星已成为现代海洋观测不可缺少的重要工具。中国已研制发射2颗海洋一号和1颗海洋二号卫星。海洋一号为海洋水色卫星，呈六面体，长1.2米，宽1.1米，高0.996米，带有两扇太阳能电池翼，质量367千克，设计寿命2年。海洋二号为海洋动力卫星。随后还将发射海洋三号海洋监测卫星，最后建立起海洋水色、海洋动力和海洋监测的完备应用系统。

中国海洋一号卫星

中国海洋二号卫星吊装

美国贾森-2海洋卫星

第五节　卫星导航定位

卫星导航的由来

导航，自古以来就有，远古时，我们的祖先就发明了一种在陆地上使用的定向工具——指南车，指南针是中国的四大发明之一，古时的航海家凭借天上的星斗(北斗星与北极星)和手中的指南针而驰骋于茫茫大海。随着航海和天文学的发展，导航技术也不断的发展，但仍不能满足实际需要，一段有趣的故事导致了现代卫星导航的出现。

1957年10月4日，苏联发射了人类历史上第一颗人造地球卫星。美国约翰·霍普金斯大学应用物理实验室的两位年轻的科学家在接收苏联人造地球卫星信号，研究卫星轨道时发现频率出现了偏移，经研究得出结果是相对运动引起的多普勒频移效应。

多普勒频移效应是1842年奥地利实验名叫多普勒科学家发现的。一天，他正路过铁路交叉处，恰逢一列火车从他身旁驰过，他发现火车从远而近时汽笛声变响，音调变尖，而火车从近而远时汽笛声变弱，音调变低。他对这个物理现象感到极大兴趣，并进行了研究。发现这是由于振源与观察者之间存在着相对运动，当声源接近观测者时，声波的波长减小，音调就变高；当声源离观测者而去时，声波的波长增加，音调变得低沉。振源的频率并没有改变，观察者听到的声音频率不同于振源频率的现象，这就是频移现象，后人把它称为"多普勒频移效应"。根据多普勒频移效应测量的结果，不仅能够确定卫星的运动速度，而且可以求出卫星与接收机之间的距离。当两位年轻科学家向他们的实验室主任讲述他们成功实现了对卫星的多普勒跟踪情况时，实验室主任连声说道："好啊，如果你们能够发现卫星在哪里，那么应该可以把问题反过来考虑，卫星会发现你们在哪里。"对第一颗卫星轨道的研究结果，给卫星导航以重要启迪。接着于1964年用5～6颗卫星组成的，世界上最早卫星导航系统——美国海军子午仪卫星导航系统，就是根据多普勒定位原理提出并实施的。

导航卫星是用于导航定位的人造卫星。这类卫星装有专用的无线电导航设备，直接向地面、海洋、空中和空间用户提供精确的位置、速度和时间等导航定位信息。用户接收卫星发来的导航定位信息，通过时间测距或多普勒测速分别获得用户相对于卫星的距离或距离变化率等导航参数，并根据卫星发送的时间、轨道参数等可定出用户的地理位置坐标(二维或三维坐标)和速度矢量，以实现导航定位。一般由多颗卫星组成导航卫星网（也称导航卫星星座），提高全球和近地空间的立体覆盖能力。导航卫星的出现使导航定位技术发生了重大变革，并且形成了一门新的导航定位技术——卫星导航定位。卫星导航定位具有精度高、全天候、覆盖全球和用户设备简便等优点，在军用和民

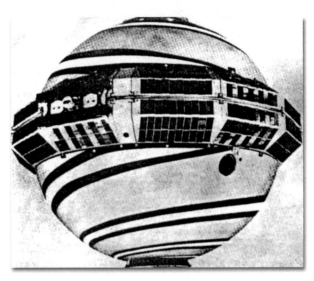

美国子午仪一号导航卫星

用许多部门均有重要的作用。卫星导航定位广泛用于船舶导航、交通管理、飞机导航、大地测量、搜索营救、精确授时、武器制导等领域。导航卫星按导航方法分为多普勒测速导航卫星和时间测距导航卫星;按用户是否需要向卫星发射信号分为主动式导航卫星和被动式导航卫星;按轨道高度可分为低轨道、中高轨道和地球静止轨道导航卫星等。

卫星导航定位的基本原理

围绕地球运转的导航卫星,连续向地球表面发射无线电信号,信号中含有卫星信号准确的发射时间,以及不同时间卫星在空间的准确位置,卫星导航接收机接收卫星发出的无线电信号,测量信号到达的时间,这样就可以计算出卫星和用户之间的距离。用代数三维坐标中求空间两点距离的公式,利用3颗卫星,就可以组成3个方程式,解出用户的位置(X, Y, Z)。但导航卫星用的高度准确的原子钟,用户接收机一般不可能有这样准确的时钟,因此用户接收机测量得出的卫星信号在空间的传播时间是不准确的,计算得到的距离也不是用户接收机和卫星之间的真实距离,这种距离叫作伪距。考虑到卫星的时钟与用户时钟之间的误差,实际上有4个未知数,X、Y、Z和钟差,因而需要引入第4颗卫星,形成4个方程式进行求解,从而得到用户实际的经纬度和高程数值。所以如果想知道接收机所处的位置,至少要能接受到4颗卫星的信号。

当用户不动,由于导航卫星在运动,在接收到的卫星信号中会有多普勒频移,如果用户本身也在移动,则这个多普勒频移便要发生变化,其大小取决于用户运动的速度与方向。根据多普勒频移的变化,用户便可以算出自己的运动速度。

导航卫星工作示意图

登山运动员手里有了GPS
再也不会迷路

昔日大海航行靠星座,今日
全凭—导航卫星

导航定位是高级汽车的
常用设备

全球四大卫星导航定位系统

美国GPS卫星导航系统示意图

美国GPS

GPS是英文Global Positioning System（全球定位系统）的简称。

GPS的前身是美国军方研制的一种子午仪卫星定位系统(Transit)，1958年研制，1964年正式投入使用。该系统用5～6颗卫星组成的星网工作，每天最多绕过地球13次，并且无法给出高度信息，在定位精度方面也不尽如人意。然而子午仪系统使得研发部门对卫星定位取得了初步的经验，并验证了由卫星系统进行定位的可行性，为GPS的研制埋下了铺垫。由于卫星定位显示出在导航方面的巨大优越性及子午仪系统存在对潜艇和舰船导航方面的巨大缺陷。20世纪70年代，美国陆海空三军联合研制了新一代卫星定位系统GPS。主要目的是为陆海空三大领域提供实时、全天候和全球性的导航服务，并用于情报收集、核爆监测和应急通讯等一些军事目的，经过20余年的研究实验，耗资300亿美元，到1994年，全球覆盖率高达98%的24颗GPS卫星星座已布设完成。

GPS卫星系统由24颗高度约20000千米的卫星星座组成，分布在6个等间隔的轨道上。轨道面相对于赤道面夹角为55°，每个轨道面上有4颗卫星，卫星轨道近似为圆形，运行周期约为11小时58分，这样的卫星分布可保证全球任何地面，任何时刻均有不少于4颗卫星以供观测。

导航星在航天领域的应用前景是十分广泛的：可用于确定飞行航道；再入飞行器的导航和定位；着陆操作和卫星跟踪；航天飞行器的多目标测量等。

美国GPS卫星

GPS系统的组成

GPS系统由空间部分、地面控制部分和用户部分三部分组成。

空间部分——GPS卫星星座

GPS的空间部分是由21颗工作卫星、3颗备用卫星共24颗卫星组成的卫星星座，它位于距地表20230千米的上空，分布在6个等间隔的近圆轨道面上(每个轨道面4颗)，轨道倾角为55°，运行周期718分钟。卫星的分布使得在全球任何地方、任何时间都可观测到4颗以上的卫星及在卫星中预存的导航信息。GPS的卫星因为大气摩擦等问题，随着时间的推移，导航精度会逐渐降低。

GPS卫星上除了由控制卫星自身工作的遥测、跟踪、指令系统，用于轨道调整与姿态稳定的控制和推进系统，电源系统和计算机等组成外，主要有具有长期稳定度的原子钟（其误差为1秒/300万年）、L波段双频发射机、S波段接收机、伪随机码发生器及导航电文存储器。卫星的主要任务是播发导航信号，一种是保密的，主要是向美国及其盟国的军事用户提供精密定位服务，另一种是向全世界民用用户提供标准定位服务。

地面控制部分——运行控制系统

卫星上的各种设备是否正常工作以及卫星是否一直沿着预定轨道运行，都要由地面设备进行监测和控制。对于导航定位来说，GPS卫星是一动态已知点。星历是描述卫星运动及其轨道的参数，是计算卫星位置的是依据，每颗GPS卫星所播发的星历，是由地面监控系统提供的。地面监控系统另一重要作用是保持各颗卫星处于同一时间标准——GPS时间系统。这就需要地面站监测各颗卫星的时间，求出钟差，然后由地面注入站发给卫星，卫星再由导航电文发给用户设备。GPS地面控制部分由1个主控站、3个注入站和5个监测站组成。

主控站设在美国本土科罗拉多州。主要任务是收集和处理本站和各监测站的跟踪测量数据，计算卫星的轨道和钟参数，将预测的卫星星历（卫星的轨道的信息）、钟差、状态数据以及大气传播改正参数编制成导航电文传送到3个注入站，以便最终向卫星加载数据。

主控站还负责纠正卫星的轨道偏离，必要时调度卫星，让备用卫星取代失效的工作卫星。另外，还负责检测整个地面系统的工作，检验注入给卫星的导航电文，监测卫星是否将导航电文发送给了用户。

5个监测站分别设在科罗拉多的斯普林斯、夏威夷、北太平洋马绍尔群岛的夸贾林环礁等地，监测站配有精密的铯钟，主要任务是为主控站提供卫星的测量数据。

3个注入站分别与设在阿森松、迭戈加西亚和夸贾林的监测站共置。主要任务是将主控站发送来的导航电文用S波段射频链上行注入相应的卫星上。

用户部分

用户设备部分即GPS 信号接收机。接收机通常由天线单元和接收单元两部分组成。其主要功能是它通过接受天空不同位置的4颗卫星信号，然后接收机中的微处理计算机进行定位计算，计算出用户所在地理位置的经纬度、高度、速度、时间等信息。

GPS卫星接收机种类很多，根据型号分为测地型、全站型、定时型、手持型、集成型；根据用途分为机载式、船载式、星载式、弹载式、车载式等。

车载GPS导航仪进入千家万户

具有GPS导航功能的手机

GPS在野外精确定位

GPS在农业耕作作用非凡

GPS系统的特点

全球覆盖

GPS系统是以人造地球卫星为导航台的星基无线电导航系统。由24颗卫星等间隔分布在离地面约22000千米的6条近圆轨道上构成的GPS系统星座，运行周期近12小时，形成了覆盖全球的卫星网。这种多星高轨的GPS星座，借助地球自转，可使地球上的任何地方的用户至少能同时看到6～11颗卫星，可保证用户

美国第三代全球卫星定位系统卫星

挑选视野中几何配置最佳的4颗卫星来实现定位。

全天候

GPS系统是通过无线电波将描述卫星位置的轨道参数以及测距信号发送该用户来实现导航和定位的。无线电导航信号不受气候条件和昼夜变化的影响，是全天候和全天时的。

多用途

广泛用于陆、海、空、天各类军民载体导航定位，精密测量和授时服务，在军事和国民经济各部门，乃至个人生活中都有着极其广阔的应用。

俄罗斯格洛纳斯

格洛纳斯是由苏联研制后由俄罗斯继续完善的全球卫星导航系统。从1982年10月12日发射第一颗卫星开始，历经13年，于1996年1月18日实现满星座24颗卫星正常播发信号。至此，格洛纳斯可以实现全球、全天候、连续实时地为用户提供三维位置、三维速度和时间信息。

俄罗斯的格洛纳斯系统与美国的GPS类似，都是使用24颗卫星星座，用户都需利用测量至少4颗卫星的伪距和伪距变化率的方法，以确定其精确三维位置、三维速度和时间。格洛纳斯和GPS一样使用两种码，一种军用码，一种民用码，民用码也向全世界用户无条件开放。定位精度能达到40米左右的。

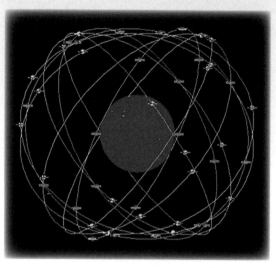

俄罗斯格洛纳斯导航卫星系统示意图

但格洛纳斯与GPS相比也有差别，首先是星座布局不同，格洛纳斯的24颗组网卫星和3颗备份卫星，布局在倾角为64.8°的3条轨道上，而GPS卫星布局在倾角为55°的6条轨道上。3条轨道的方案使卫星在地球极区的几何分布较6条轨道要好，因此对于在高纬度活动的用户和国家较为有利，反过来6条轨道的方案在中等和低纬度区域几何分布较好。另外，两种系统的卫星发射的信号结构和频率也不一样。

俄罗斯格洛纳斯导航卫星在装配

中国北斗卫星

中国北斗

1994年，中国开始实施了"北斗"卫星导航系统工程。北斗卫星导航系统简称北斗系统，英文名称为BeiDou Navigation Satellite System，缩写为BDS。

北斗卫星导航系统是中国独立发展、自主运行，并与世界其他卫星导航系统兼容互用的全球卫星导航系统。与美国的GPS、俄罗斯的"格洛纳斯"、欧盟的"伽利略"系统并称为全球四大卫星导航系统，也是继美国全球定位系统（GPS）和俄"格洛纳斯"之后，第三个成熟的卫星导航系统。

建设北斗卫星导航系统，对于提高我国的国际地位、促进经济社会的发展、保障国家安全等许多方面，都具有十分重大特殊的意义。

系统组成

北斗卫星导航系统由空间端、地面端和用户端三部分组成。空间端包括5颗静止轨道卫星和30颗非静止轨道卫星。地面端包括主控站、注入站和监测站等若干个地面站，用户端由北斗用户终端以及与美国GPS、俄罗斯"格洛纳斯"、欧盟"伽利略"等其他卫星导航系统兼容的终端组成。

实现北斗系统高精度的全球定位和导航，必须在卫星上放置精密的原子钟。我国已自主研制出能在较为恶劣的星载工作环境条件下工作的高准确、高稳定的星载原子钟。其中研制出的高性能铷原子钟，其稳定度已达到国际先进水平，从而打破国外同类产品对我国的封锁和垄断。

北斗导航卫星整流罩合拢

系统特点

北斗卫星导航系统除了能全天候、全天时为各类用户提供高精度、高可靠的定位、导航和授时服务外，与GPS和"格洛纳斯"相比，特点在于北斗导航系统具有用户与用户，用户与地面控制中心之间的双向报文通信能力，系统的一般用户每次可传输36个汉字，对于既需要定位信息又需要把定位信息传递出去的用户，北斗卫星导航系统是非常有用的。

2014年11月国际海事组织海上安全委员会第九十四次会议审议通过了对北斗卫星导航系统认可的航行安全通函，这标志着北斗卫星导航系统正式成为全球无线电导航系统的组成部分，取得面向海事应用的国际合法地位。

北斗导航卫星在厂房

北斗导航卫星应用示意图

北斗建设分"三步走"

北斗卫星导航系统的建设与发展本着开放性、自主性、兼容性和渐进性的原则，目前正按照"三步走"的战略稳步推进，目标是建成独立自主、开放兼容、技术先进、稳定可靠覆盖全球的导航系统。

北斗建设分"三步走"：先建立试验系统，再实施区域服务，最后建立全球网络。

2000—2003
第一步，北斗一号试验系统

中国发射了4颗"北斗导航试验卫星"，建成北斗导航试验系统，服务范围以我国大陆地区为主。北斗一号具有快速定位、简短通信和精密授时三大主要功能，已在测绘、电信、水利、交通运输、渔业、勘探、森林防火、减灾救灾和公共安全等诸多领域发挥重要作用。

北斗一号整星

技术人员在给北斗一号安装天线

第二步，北斗二号区域服务系统

自2007年4月14日发射第一颗中轨道北斗二号卫星，到2012年10月25日，共有16颗北斗导航卫星形成区域服务能力，其中14颗组网并提供服务，分别为5颗静止轨道卫星、5颗倾斜地球同步轨道卫星、4颗中地球轨道卫星。

2012年12月27日，北斗导航业务正式对亚太地区提供无源定位、导航、授时服务。

北斗卫星导航系统于2012年12月27日起提供连续导航定位与授时服务，服务范围涵盖亚太大部分地区，该系统提供两种服务方式，即开放服务和授权服务。开放服务是在服务区免费提供定位、测速和授时服务，定位精度10米，测速精度0.2米/秒，授时精度50纳秒，授权服务是为有高精度、高可靠卫星导航需求的用户，提供定位、测速、授时和通信服务以及系统完好性信息。

第三步，全球覆盖

2020年左右建成由5颗静止轨道和30颗非静止轨道卫星组成的网络，开展全球定位、导航、授时服务及区域增强服务。

太阳能电池帆板展开实验

技术人员进行北斗导航卫星质心测量

北斗导航卫星系统示意图

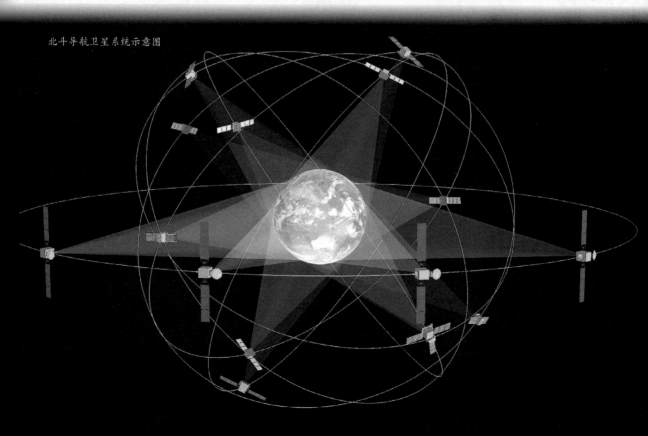

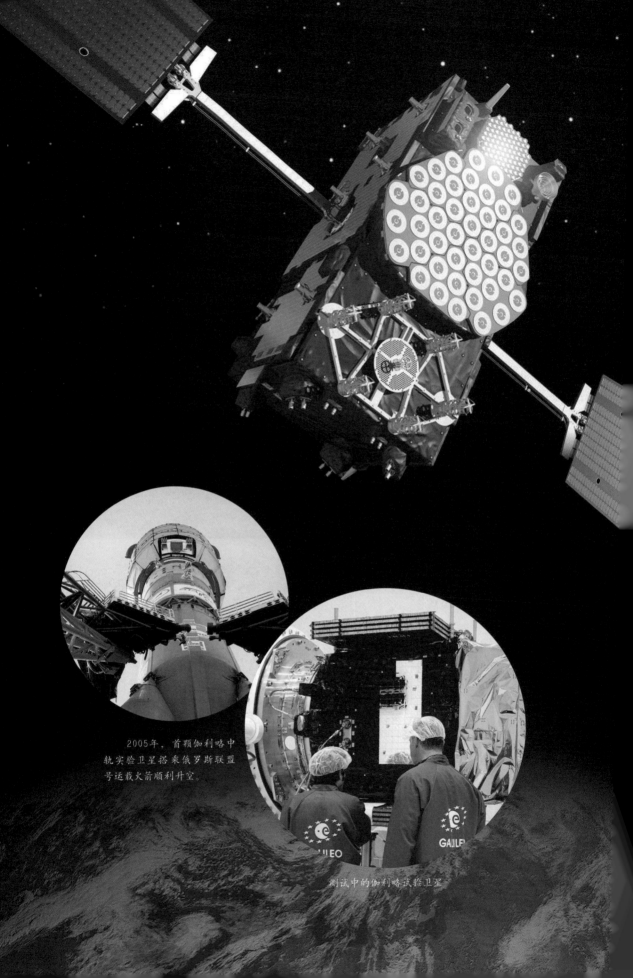

2005年，首颗伽利略中轨实验卫星搭乘俄罗斯联盟号运载火箭顺利升空。

测试中的伽利略试验卫星

欧洲伽利略

　　伽利略导航卫星系统。卫星星座由30颗距地面约24000千米、分布在倾角为55°～60°的3个轨道面上的卫星系统组成。系统信号设计充分考虑与其他卫星导航系统的兼容性。系统建成后提供三种服务模式：一般目的服务（免费）；商业服务（付费增值服务，密码控制）；公共事业服务（高度安全、高度完好和有保障的服务，如与生命息息相关及其他关键领域，搜索营救等）。该系统目前还处在组建中。

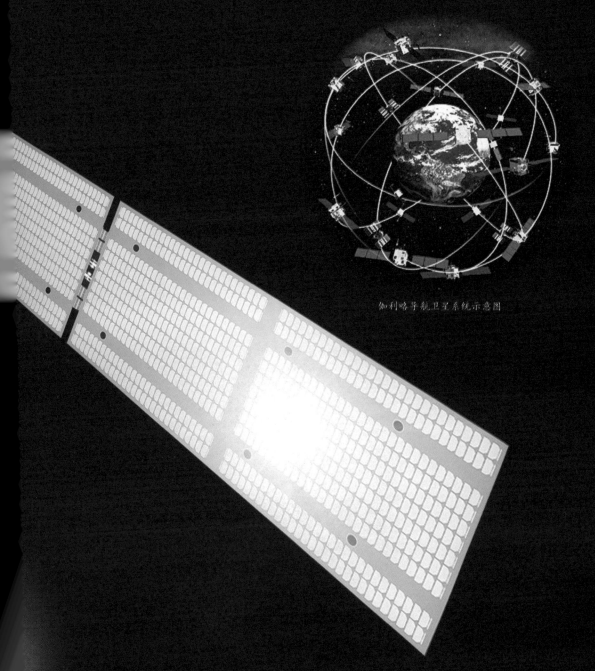

伽利略导航卫星系统示意图

苏联东方号飞船

苏联上升号飞船

苏联联盟飞船

美国水星飞船发射

第四章　美国、苏联/俄罗斯载人航天成就

　　美国、苏联/俄罗斯载人航天的发展，始于上世纪60年代冷战时期，美苏为争霸而进行的太空竞赛。两国先后分别研制了三个系列的载人飞船，苏联有东方号、上升号和联盟号；美国有水星号、双子星和阿波罗号。

美国水星飞船

美国双子星飞船

美国阿波罗号飞船

第一节 东方1号开创载人航天新纪元

1961年4月12日，苏联航天员尤里·加加林乘坐东方1号飞船，在位于哈萨克斯坦的拜科努尔航天发射场，用东方号运载火箭发射上天。乘东方1号飞船人类首次实现进入太空，在最大高度为301千米的近地轨道上绕地球一圈，历时108分钟，并安全返回，从此开始了载人航天的新纪元。

太空第一人加加林

东方号飞船技术领先美国

虽然东方1号飞船仅环绕地球飞行一圈，却比较全面地验证了载人飞船系统发射入轨、在轨运行、生命保障、测控通信、安全返回所需要的一些关键技术，证明了人类有能力摆脱地球引力实现进入太空。实践证明，东方号飞船设计理念是合理的，并为后来大部分载人飞船所采用，技术上领先美国。

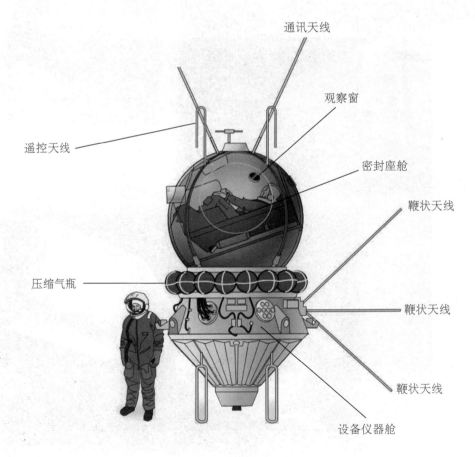

东方号飞船结构说明

单人飞船，两舱结构

东方号飞船是苏联首批单座沿近地轨道运行的载人飞船系列。东方号飞船由球形返回舱和圆柱形设备舱两个舱段组成，重约4.7吨。返回舱外径为2.3米，是密封的，外侧覆盖有耐高温材料，能承受返回大气层时因摩擦产生的上千摄氏度高温。返回舱外部呈球形。

苏联东方号飞船

飞船自动控制，也可手动控制

飞船内装置有生命保障系统、飞船密封舱内采用正常大气，即氮氧混合气体，二氧化碳的含量不大于1%。温度为15~20℃，相对湿度为30%~70%。还有通信系统、自动信息记录系统、电视照相机、定向系统、飞行控制系统、制动火箭、着陆系统、温度调节系统、测量人体生理功能仪器、测量轨道参数的无线电系统、化学电池等。东方号飞船进入绕地球运行的轨道后，飞船进行自动控制。必要时航天员也可进行手动控制。

东方号太空舱

应急救生手段

东方号飞船的救生装置是弹射座椅，作为航天员在发射台上、飞船起飞上升阶段和着陆阶段的应急救生手段。在发生意外事故时，在飞船离地面7000米的高度时，航天员连同座椅一起弹出舱外，并张开降落伞下降；在达到4000米高度时，航天员与座椅分离，航天员只身乘降落伞返回地面。

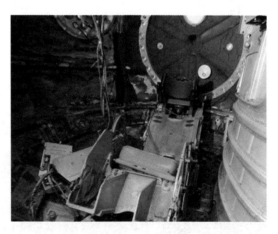

东方号太空舱内部

美国水星号奋力追赶

在苏联成功地发射东方号载人飞船，取得载人航天巨大成就的情况下，美国为了尽快把人送上天，制定了"水星计划"，目的是把载1名航天员的飞船送入地球轨道，加紧研制水星号飞船。

由于当时美国火箭运载能力远不如苏联，所以水星飞船体积、质量都很小，水星号总长约2.9米，最大直径1.8米，重1.3～1.8吨，圆锥——钟形座舱，座舱内只能坐一名航天员，航天员躺在特制的座椅上，通过飞船舷窗、潜望镜和显示器可观测地球表面。在座舱外面大钝头处覆盖一层很厚的防热材料。飞船返回前点燃制动火箭，然后抛弃制动火箭组合件，再入大气层，下降到低空时打开降落伞，航天员与飞船一起溅落在海上，由直升机和打捞船只回收。

首位进入太空的美国航天员艾伦·谢帕德

参加水星计划的7名航天员，史称"水星七杰"

直升机打捞回收水星号飞船

1961年5月5日，水星号飞船在卡纳维拉尔角由改装的红石火箭发射升空，飞船上乘坐的是美国第一位航天员谢帕德。这完全是一次弹道发射，飞船上升的最大高度为186千米。飞船正常分离后，又以弹道状再入大气层并回收。此次全部15分22秒的飞行过程中，谢帕德只有5分钟的失重经历。时隔两个月，航天员格里索姆又一次进行了亚轨道飞行，基本过程同谢帕德完全相同。

这种亚轨道飞行方式的最大问题是，航天员在返回过程中，要求承受类似导弹弹头的巨大过载。达到身体重量的11倍，其危险程度可想而知。

1962年2月，格伦乘坐水星6号飞船，用宇宙神洲际导弹改装的运载火箭从卡纳维拉尔角发射场送入太空，在261千米高的地球轨道上环绕地球3圈，历时4小时55分，最后溅落在大西洋，安全返回地球，这是美国第一次成功地发射载人飞船。格伦成为美国第一个进入太空的航天员。

生产中的水星飞船

身穿航天服的格伦

苏联上升号创造两个世界载人航天第一

上升号是东方号飞船的改进型，重5.32吨，球形乘员舱直径与东方号飞船大体相同，改进之处是提高了舱体的密封性和可靠性。返回时不再采用弹射方式，增加了反推火箭装置，在着陆前，反推火箭点火，将飞船的下降速度降到最低，航天员连同座舱一起软着陆。上升号一共发射了2艘，即上升1号和上升2号。

上升1号冒险实现第一次载3人飞行

1963年底，苏联得知美国将发射载两人的"双子星"飞船，这使时任苏联总理兼党的第一书记赫鲁晓夫感到着急，于是命令飞船总设计师科罗廖夫在下一个革命节，即1964年11月7日前把3位宇航员同时送上天，压倒美国。科罗廖夫大感为难：设计新飞船时间上来不及，仍用东方号又容不下3名航天员，最后的解决办法只能是在东方号的基础上改装。将原先的1

列昂诺夫和别列亚耶夫在上升号飞船内

张座椅改为3张，并排放不下，改为三角形置放。由于运载火箭的最大载荷不过5300千克，所以苏联进口了新的无线电设备和仪器，取代原先东方号上笨重的设备，为把重量降到最小限度，还将不必要的螺栓等拆卸下来，尽力减轻每1克多余的重量，最后连3位宇航员的食物也只局限于水果、蔬菜和肉类，终于过了"重量关"。最冒险的是，由于座舱拥挤，他们拆掉了弹射座椅救生装置，这样飞船无论在发射台上，在上升阶段还是着陆阶段，如果发生事故，均无安全救生装置，为了能挤进去3个人最后又取消了穿航天服。

1964年10月12日，联盟号运载火箭把上升1号飞船送入轨道，里面乘坐的是工程师弗科蒂斯托夫、航天员科马罗夫和医学博士耶格罗夫，他们乘坐上升1号飞船在轨道上停留了一天，最后返回地面，所幸没有发生事故。

上升2号历险实现了人类第一次太空行走

为了实现航天员出舱进行太空行走，上升2号飞船增加了一个可伸缩气闸舱。气闸舱收缩后高度为0.7米，伸长后高度为2.5米，内径1米。有两个闸门，一个和飞船相连，另一个与外界相通，出舱活动完成后，将它抛掉。

1965年3月18日莫斯科时间10时，上升2号飞船载着两名航天员列昂诺夫和别列亚耶夫发射升空，飞船刚一起飞就遇到了小麻烦，本来预定进入距地球30万米的轨道，实际高度却达到了近50万米，这是未预料到的，而地面气压训练只能模拟相当于距地球9万米高空的气压。飞船进入远地点49.7万米、近地点17.3万米的轨道上飞行后，开始准备太空行走。列昂诺夫在指令长别列亚耶夫的帮助下，穿上约90千克的航天服，将"生命支持系统"背包放在增压航天服外，开始吸纯氧，然后系上一根5.75米包络电话线的绳子，飞船飞到第2圈时，在确保座舱密封完好的情况下，列昂诺夫打开座舱向内开

的舱盖，进入气闸舱，列昂

列昂诺夫在上升号飞船外活动

诺夫在气闸舱为自己的航天服增压，检查了航天服的密封性，戴正头盔，别列亚耶夫关上座舱盖，并给气闸舱减压，11时34分，列昂诺夫打开外舱盖，在舱口定了定神，便像酒瓶木塞一样弹射出去，一跃进入茫茫太空。他眼前呈现出了一幅壮丽景象：漆黑的太空中布满明亮的星星；太阳和星星同时在天空照耀，甚至能看出太阳周围的日冕；再往下看是人类美好的家园，湛蓝的海洋、墨绿的森林，弯曲的河流、覆盖白雪的高山、棕色的陆地、飘浮的云……他在自己作的一幅《步入太空》的画中描绘了这些情景。列昂诺夫被飞船上伸出的那根粗粗的缆绳牵着，在失重状态下就像在海洋中游泳一般。人步入太空后他感觉遇到的最大困难是温差太大，向阳一面高达130℃左右，背阳一面则低达-130℃左右，因此他不停地旋转身体，以保持温度的平衡。他尽力尝试做点事情，如摘下可移动的摄像机拍照，搬动几件舱外物体等。列昂诺夫在舱外活动24分钟，其中自由飘浮12分钟，多次离开飞船的距离达5米，表明航天员完全可以在敞开的太空中生存。

上升号飞船

当别列亚耶夫通知列昂诺夫结束太空行走返回座舱时，出了一点意想不到的麻烦，进入气闸舱时身体被卡在舱门口，由于真空中没有大气压，航天服像气球一样膨胀起来，来不及请示地面，他自作决定给航天服减压，列昂诺夫体力消耗很大，汗流浃背，心跳得怦怦直响，对航天服进行3次减压后，花了12分钟才把身体挤进了舱门，排除了险情。

第二天凌晨3时，当飞船飞到第16圈末段时，开始按计划返航。突然舱内增压气瓶的大气下降，氧气含量逐渐升高，如果遇到一点火星就会引起爆炸。幸运的是，没有一台电机冒出火星，氧气含量也慢慢降到正常值。接着，飞船又出现翻滚现象，自动控制系统发生故障，飞船无法定向，不能按原计划返回，地面控制中心命令飞船再继续飞行一圈，若故障不能排除，就只好靠手动定向系统返航，指令长不得已改用手动定向系统，使飞船停止旋转，恢复平稳飞行，并调整到正确的轨道位置进入大气层。列昂诺夫透过舱窗，看到舱外涂层被高温熔化闪出的亮光。3月19日12时02分，飞船返回舱降落在乌拉尔山东北的原始森林一片积雪之中，由于手控操纵不甚精确，着陆地点偏离预定地点1300千米，他们只得在冰天雪地里燃起篝火度过了难熬的一夜，又冷又饿，3月20日才被救援直升机找到。列昂诺夫因这次太空历险飞行而被授予苏联英雄称号，并永远载入航天史册。

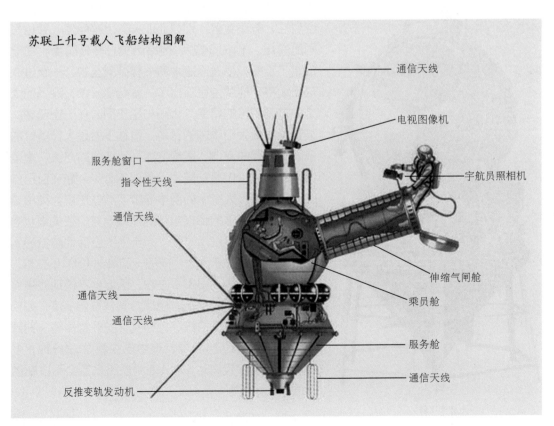

苏联上升号载人飞船结构图解

通信天线

电视图像机

服务舱窗口

指令性天线

宇航员照相机

通信天线

伸缩气闸舱

乘员舱

通信天线

通信天线

服务舱

反推变轨发动机

通信天线

什么是气闸舱？

气闸舱是飞船座舱与真空空间之间的隔离段，是航天员进入太空必经的过渡通道，是载人航天器的必要设备。气闸舱的功能有两个：

1. 泄压

气闸舱有泄压功能，保证航天员安全出舱。

当航天员出舱时，从座舱出来打开内舱门，进入气闸舱，然后关上

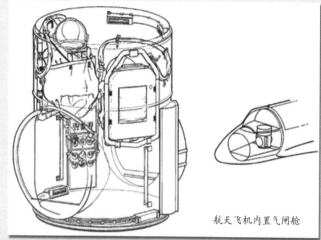

航天飞机内置气闸舱

内舱门。舱内有专门的设施提供航天员进行出舱前的各项准备工作，准备工作完后，出舱前，通过气闸舱的泄压系统为气闸舱减压，减压分阶段进行，逐渐降低气压，直至使气闸舱内的压力接近于零，这时打开外舱门，航天员可安全出舱。

2. 复压

气闸舱有复压功能，保证航天员安全返回座舱。

航天员完成出舱活动后返回时，关闭气闸舱外舱门，气闸舱的复压系统，在太空能自动为气闸舱充气，直到使气闸舱与座舱达到压力平衡，恢复到出舱前的状态，打开内舱门，航天员可安全的返回到座舱。

航天飞机气闸舱和舱门

美国双子星号悄悄为登月做技术准备

美国双子星号飞船为双人式飞船，是在水星号飞船的基础上改进的，"双子星"计划主要是为美国完成阿波罗登月计划，探索、试验新技术，包括，航天员登月所需的长达2周的航天飞行进行试验和研究；发展交会对接、机动飞行、返回、在海上溅落以及回收等技术；考察航天员在太空进行舱外活动的能力；进行科学、医学和军事技术实验以及给航天员和地面工作人员提供实际的飞行训练机会等，为阿波罗号飞船载人登月飞行作技术准备。

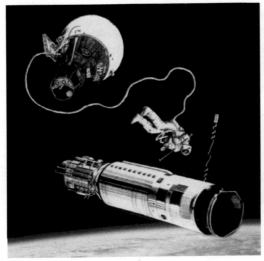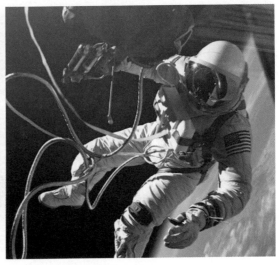

左图：1966年7月，双子星座10号飞船航天员柯林斯飘出飞船，飞向"阿金纳"火箭的情景
右图：航天员进行出舱活动

双子星号飞船形状与水星号飞船相似，基本呈圆锥——钟形，全长5.7米，重3.2～3.8吨，最大直径3米，由座舱和设备舱两个舱段组成。可乘2名航天员，舱内用纯氧，船采用弹射座椅作为发射阶段和着陆阶段紧急救生手段。

1965年3月大力神2号运载火箭将双子星号飞船送入太空，这是美国第一次成功地进行载2人太空飞行。

双子星号飞船计划于1966年11月结束，历时5年。在这期间共进行了12次飞行试验，其中，2次为无人飞行，10次为载人飞行，完成了长达2小时以上的舱外活动，为航天员在月面活动积累了经验。双子星计划还提供了航天员训练、太空生活等方面的经验。

海上溅落

第二节　阿波罗11号实现人类首次登月壮举

　　冷战后期，美国为了在太空竞赛中超过苏联，组织实施了载人登月工程，即阿波罗计划。从1961年5月至1972年12月第6次登月成功结束，历时约11年，耗资255亿美元。在工程高峰时期，参加工程的有2万家企业、200多所大学和80多个科研机构，总人数超过30万人。人类终于首次实现登陆月球，是世界航天史上具有划时代意义的一项成就。

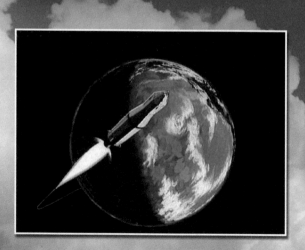

土星5号运载火箭第三极再次工作，将阿波罗飞船推向月球轨道

美国土星5号发射场景

阿波罗载人登月飞船

阿波罗号飞船由指令舱、服务舱、登月舱和逃逸系统4部分组成。

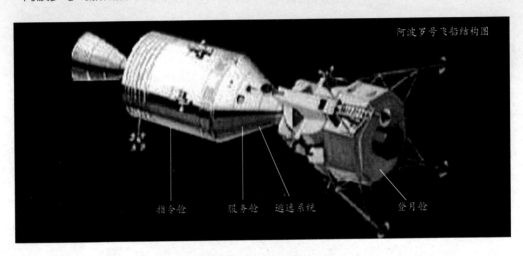

阿波罗号飞船结构图

指令舱　　服务舱　逃逸系统　　　　　登月舱

环月轨道上运行的阿波罗号飞船

指令舱

是航天员在飞行中生活和工作的主要舱室，也是全飞船的控制中心。指挥舱外形呈锥形，高3.2米，重约6吨，底部使用烧蚀防热壳，其表面涂有烧蚀材料，进入大气层后用降落伞下降，是整个飞船中唯一回收的部分。

指令舱分前舱、航天员舱和后舱3部分。

前舱装有与登月舱的对接探头、2台姿态控制发动机、降落伞以及溅落时用的各种仪器和控制设备等。

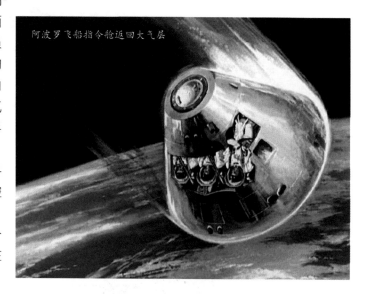

阿波罗飞船指令舱返回大气层

航天员舱为密封舱，位于指令舱中段，除登月和在月面活动外，其余时间3名航天员一直待在这里。每个航天员约具有2.05立方米的空间。舱内使用纯氧，有适宜的温度和气压。里面存有供航天员生活14天的必需品和救生设备等。

后舱主要装有水箱、燃料箱、管路、线路和10台姿态控制发动机等。

指令舱有两个舱门，一个在侧面供航天员出入，一个在顶端供航天员爬进登月舱。

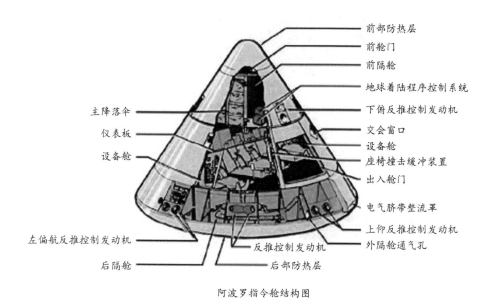

阿波罗指令舱结构图

服务舱

服务舱呈圆柱形，高6.7米，直径4米，重约25吨。前端与指令舱对接，舱内后端有推进系统主发动机，它是1台液体燃料发动机，推力为10吨，该发动机可摆动±10°，并具有重新启动50次的能力，它提供飞船进入月球轨道、变轨机动和从月球轨道返回地球时所需的推力。姿态控制系统由16台火箭发动机组成，它们用于飞船与第三级火箭分离、登月舱与指令舱对接和指令舱与服务舱分离及飞船的姿态控制等。

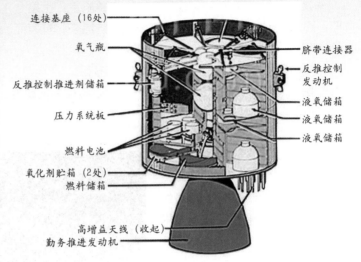

连接基座（16处）
氧气瓶
反推控制推进剂储箱
压力系统板
燃料电池
氧化剂贮箱（2处）
燃料储箱
高增益天线（收起）
勤务推进发动机
脐带连接器
反推控制发动机
液氧储箱
液氧储箱
液氧储箱

阿波罗服务舱结构图

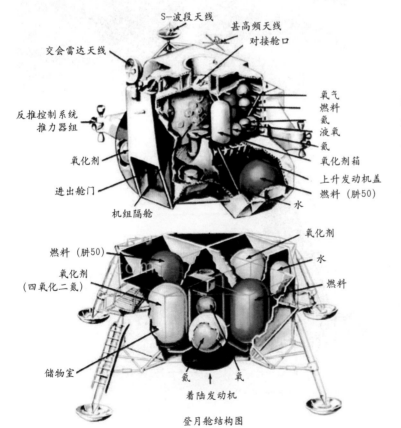

S-波段天线
甚高频天线
对接舱口
交会雷达天线
氧气
燃料
氦
液氧
氦
氧化剂箱
上升发动机盖
燃料（肼50）
水
反推控制系统推力器组
氧化剂
进出舱门
机组隔舱

燃料（肼50）
氧化剂（四氧化二氮）
氧化剂
水
燃料
储物室
氦
氧
着陆发动机

登月舱结构图

登月舱

由下降级和上升级组成，下降级由着陆发动机、4条着陆腿和仪器舱组成。上升级为登月舱主体，由航天员座舱、返回发动机、推进剂贮箱、仪器舱和控制系统组成，航天员完成月面活动后驾驶上升级返回环月轨道与指令舱会合。航天员座舱可容纳2名航天员。

逃逸系统

　　位于指令舱顶端。一旦运载火箭发生故障，逃逸火箭便立即将指令舱从运载火箭上推出去。逃逸火箭推力为67吨，有4个喷管。在逃逸火箭上面装有1台抛弃火箭，推力为14吨，正常情况下，在90千米高度以下点火，将逃逸系统抛弃。

阿波罗13号飞船落入太平洋

阿波罗11号飞船逃逸塔

探 路

从1961—1972年美国进行了一系列登月前的探路工作，对月面进行详细考察，选择登陆点。

发射9颗徘徊者号探测器，其中徘徊者7号、8号、9号均成功地实现了在月球表面硬着陆，在不同的月球轨道上拍摄月球表面状况的照片1.8万张，以了解飞船在月面着陆的可能性。但探测器曾多次发射失败，从而得出了月面能支撑重物的结论。

发射5颗勘测者号探测器，在月球表面软着陆，通过电视发回8.6万张月面照片，并探测了月球土壤的理化特性数据。

发射3颗月球轨道器探测器，绕月飞行探测，对40多个预选着陆区拍摄高分辨率照片，获得1000多张高清晰度的月面照片，据此选出约10个预计的登月点。

美国徘徊者号月球探测器

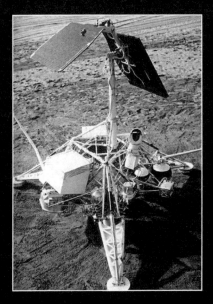

美国勘测者号探测器

美国月球轨道探测器

演练

　　发射了阿波罗7号、8号、9号飞船，进行载人飞行试验。主要做环绕地球、月球飞行和登月舱脱离环月球轨道的降落模拟试验、轨道机动飞行和模拟会合、模拟登月舱与指挥舱的分离和对接。按登月所需时间进行了持续11天的飞行，检验飞船的可靠性。

　　发射的阿波罗10号飞船进行了登月全过程的演练飞行，绕月飞行31圈，2名航天员乘登月舱下降到离月面15.2千米的高度。

试验中的惨剧

1967年1月27日由航天员格里森、怀特和查菲组成的阿波罗1号飞船乘员组，在卡纳维拉尔角34号发射台进行模拟试验。当模拟倒计时还有10分钟之时，由于指令舱控制系统一条电路产生火花，使充满纯氧的密封舱着火，3名航天员被困在离地面60米高的发射台上飞船的火球里，周围浓烟滚滚，营救小组用了十几分钟才取下了飞船舱门，当他们进入指令舱时发现，3名航天员都已被活活烤成了焦碳，造成了一起严重的航天事故。接受了这次教训，飞船装备又作了重大改进，整个计划推迟了一年。

遇难的3名宇航员

踏上征途

1969年7月16日，在肯尼迪空间中心的发射场上，巨大的土星5号运载火箭矗立在发射架上，阿波罗飞船傲然挺立在火箭的尖端。发射前8小时为火箭加注燃料，3名航天员，指令长阿姆斯特朗、登月舱驾驶员奥尔德林和指令服务舱驾驶员柯林斯提前2小时进入飞船。倒计时开始，10、9、8、7点火，第一级火箭向下喷出红色火焰，6、5、4火焰变成橘黄色，3、2、1、0发射！随着震耳欲聋的巨响，土星5号离开地面，徐徐升空，在惊雷般的轰鸣声中，土星5号直冲云霄，将阿波罗顺利送入环绕地球的停泊轨道。

阿波罗11号在停泊轨道上绕地球运行一周半，在这期间对飞船进行各项检查，地面控制中心指示"一切正常，向月球进发！"三级火箭再次点火，飞船越飞越快，以近11千米／秒的速度将飞船送入地—月转移轨道，它是一个大椭圆形的轨道，椭圆扁而长，远地点达到了月球的背面。地—月距离384000千米，需要飞行整整3天，在漫漫征途中要做的事情很多，首先是要调整飞船各舱段的位置，登月舱在第三级火箭末端的贮藏舱内，向前依次是服务舱、指令舱（合称母船）。先将母船与登月舱分离，调转180°，回过头来

从发射塔顶部俯拍火箭发射

环月轨道上运行的阿波罗号飞船

再与登月舱对接，对接后将登月舱从贮藏舱内拉出来，与第三级火箭分离，第三级火箭完成了最后的任务后甩掉。阿波罗11号再重新调整好方向，让登月舱在前母船在后，母船头顶着登月舱直奔月球。

　　第一天，阿波罗11号在漆黑的空间飞奔，速度越来越慢，这是因为，飞船以足够大的速度进入地—月过度轨道后，不再需要火箭推动，这时飞船是在地球和月球之间飞行，它受到地球和月球两方面的引力，前者使飞船减速，要将飞船拉回地球，后者则使飞船加速奔向月球，开始时飞船离地球近，地球引力起主要作用，飞船速度越来越慢，随着不断前进飞行，地球引力减小，月球引力增大，飞船到达地—月引力平衡的位置，这时的速度最小，飞船一面飞行，一面自转，像烤羊肉串似的，以应对骤冷骤热的温度变化。随着向月球靠近，月球引力越来越大，在月球引力作用下，阿波罗11号越飞越快，离月球越来越近。为了使飞船在预定的时间、位置由地—月转移轨道进入绕月轨道，此时飞船必须减速。地面中心收集着世界各地追踪基地、追踪站、追踪飞机、通讯卫星发来的数据，计算机不停地工作着，报告着飞船的准确位置、速度，指挥着飞船减速。指令舱驾驶员柯林斯双手紧握操纵杆，目不转睛地注视着仪表，如果计算机发生故障，要及时改用手操纵，登月舱驾驶员奥尔德林不停地大声报告着仪表上的数据……在发射后的75小时49分48秒，计算机发出命令，"服务舱火箭逆向喷火"，飞船开始减速，当速度降到预定值时，计算机发出停火指令。阿波罗11号进入了椭圆形的绕月轨道，距月球最近只有114千米。绕月两周后，服务舱火箭再次逆向喷火，进一步调整飞船轨道。

阿波罗11号飞船的3名航天员正在待命起航

登上月球

在绕月第11圈时指令长阿姆斯特朗和航天员奥尔德林进入了被称为"鹰"的登月舱。7月21日2时40分鹰与母船分离,母船将像月球的卫星一样,在绕月轨道上等待着鹰的归来。鹰启动下降,火箭进入椭圆形的下降轨道。在着陆月球前,鹰和地面指挥中心的计算机紧张地工作着,使鹰保持着正确姿势和准确的速度,减速、下降,离月面越来越近。最严峻的时刻到了,下降发动机、小型制动发动机、着陆精密调节发动机这些小火箭发动机准确的工作着,速度过快会与月面发生撞击,若损坏了下降段的着陆支脚,鹰将无法返回地球。航天员十分紧张,地面指挥中心的人也坐不住了,双方频频联络。高度12200米、9000米……忽然计算机的红灯亮了——故障警报!出现了什么问题?还有几分钟就要着陆了,是继续下降?还是上升返回?指挥中心的人面色如土,紧张地查找原因,原来是计算机负担过重"罢工"了,于是地面指示航天员:"不要事事都问计算机"。红灯熄灭,有惊无险,人们互相鼓励"沉着,沉着",3000米、900米、150米……高度120米,速度2.7米/秒;高度105米,速度2.2米/秒;高度30米,速度1.05米/秒;高度22.5米,速度0.15米/秒……着陆灯亮了,尘埃四起。清晨5时17分40秒鹰在月球"静海"软着陆,成功了! 看到窗外的月亮,

阿波罗飞船上一名航天员留在指令舱和服务舱组合体内,继续围绕月球飞行,其他2名航天员转移到登月舱内,准备降落到月球表面。

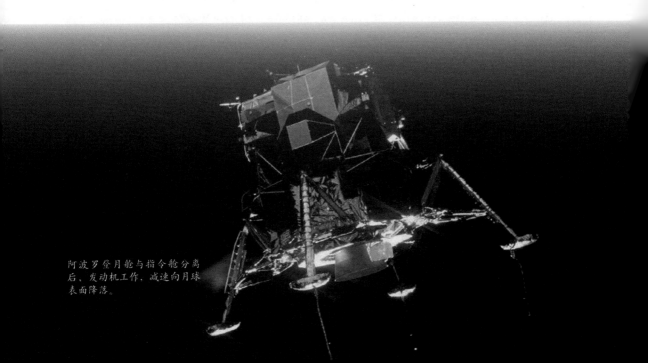

阿波罗登月舱与指令舱分离后、发动机工作,减速向月球表面降落。

阿姆斯特朗和奥尔德林非常兴奋，他们的谈话声传到了地球：有各种各样的岩石，有的棱角突出，有的光滑，随着观察角度的变化岩石的颜色迥然不同。壁岩、碎石举目皆是，五彩缤纷各有特色。阿姆斯特朗和奥尔德林忙着出舱前的准备工作：检查月面航天服是否正常？维持生命系统是否能正常送氧气和冷却水？吸收二氧化碳的装置是否正常？月面没有空气，不能传播声音，必须检查联络用的通讯系统是否正常……哪一项出现问题，都将酿成悲剧。一切正常，准备出舱。门外面是真空，舱内空气的压力紧紧地压着舱门无法打开，航天员使用航天服的呼吸系统后，开始将舱内空气抽出，当舱内压力降至地面大气压的1／6时，内侧舱门打开了，当压力降至1／10大气压时，通往月球的舱门打开了。阿姆斯特朗站在舱外的门廊上，漆黑的太空，白光闪闪的月面，他身穿白色航天服，沿着扶梯一阶一阶的走下来，他双腿并拢站在最后一级阶梯上。月面看上去像是由细小的颗粒组成，下降段的支脚已陷入3～4厘米，阿姆斯特朗用穿着月面靴的左脚蹭蹭月面，不陷也不滑，接着右脚也迈向了月面，离开了鹰。阿姆斯特朗心情振奋，人们听到了从月面传来的第一句话："这是个人的一小步，却是人类的一大步。"（That's one small step for man，one giant leap for mankind.）1969年7月21日11时56分20秒是具有伟大历史意义的时刻，人类第一次在地球以外的天体上踏上了足迹。奥尔德林不久也踏上月球。另一名航天员仍留在指挥舱内，继续沿环月轨道飞行。

首位登月航天员阿姆斯特朗走下登月舱

月面活动

　　阿姆斯特朗和奥尔德林两人在月表活动了两个半小时，在月面上展开太阳电池阵，安设了月震仪和激光反射器，阿姆斯特朗在距离登月舱120米的位置对东部环形山的边缘进行了拍照，奥尔德林使用地质锤敲击钻杆取岩石样品，随后2名宇航员使用铲子和带有爪的探杆进行了岩石和月球土壤标本收集，共采集月球岩石和土壤样品22千克。

　　他们在月球表面还测试了包括双脚跳在内的几种在月球表面走动的方法，发现跨步跑是月面活动中最方便的方式。

阿波罗11号机组成员：
指令长：尼尔·奥尔登·阿姆斯特朗（中）
登月舱驾驶员：巴兹·奥尔德林（右）
指令舱、服务舱驾驶员：迈克尔·柯林斯（左）

人类首次登上月球

航天员在月面上安装了一台仪器

人类在月球上

航天员正在月面采集月球岩石

返回地球

奥尔德林先爬进了登月舱，之后2名航天员一起用一种叫作月面器材传送带的装置，费力地将拍摄的胶片和2个装有21.55千克月面样本的盒子运进登月舱，阿姆斯特朗随后跳上爬梯的第三级，并爬进了登月舱。为了减轻登月舱上升级的重量以返回绕

抛弃登月舱，指令舱和服务舱的组合体返回地球

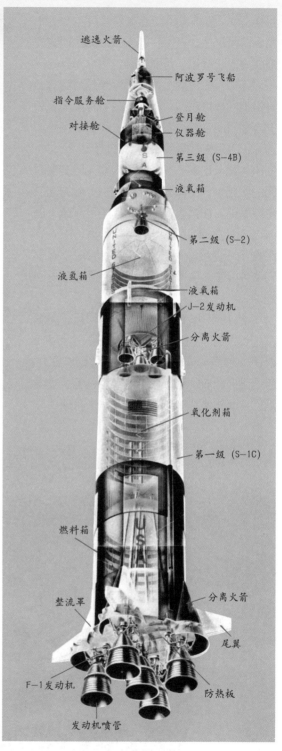

美国土星5号登月火箭结构图

月轨道，2名航天员在转换到登月舱上的生命保障系统后，开始将航天服上的便携式生命保障系统背包、月面套鞋、相机和其他一些设备抛弃在月面上，然后驾驶登月舱的上升级返回环月轨道，与母船会合对接，随即抛弃登月舱，起动服务舱主发动机使飞船加速，进入月一地返回轨道。在接近地球时飞船进入载入走廊（在大气层内使飞船安全返回的区域），抛掉服务舱，使指令舱的圆拱形底朝前，在强大的气动力作用下减速。进入低空时指挥令舱弹出3个降落伞，进一步降低下降速度。阿波罗11号飞船指令舱于7月24日在太平洋夏威夷西南海面降落返回地球。

从1969年11月至1972年12月，美国又相继发射了阿波罗12号、13号、14号、15号、16号、17号飞船，其中除阿波罗13号因服务舱液氧箱爆炸中止登月任务，安全返回地面外，共有12名航天员登上月球。

阿波罗11号飞船指令舱展开3顶降落伞向海面降落

指令舱溅落在海上

阿波罗17号任务组中的指挥员尤金·塞尔南驾驶月球车

第三节　联盟号的坎坷与辉煌

两次重大事故

联盟1号失事

1967年4月23日，苏联航天员弗拉基米尔·M·科马罗夫上校乘坐联盟1号飞船进入太空后，发现飞船左侧太阳电池帆板没有展开，在飞到第18圈时，操纵和稳定飞船明显发生了困难，为此取消了与联盟2号在轨道交会对接的计划。在返回地面时飞船降落伞又出意外，无法打开，致使飞船以每秒100多米的速度冲向地面，科马罗夫当场被摔死。

前苏联航天员科马罗夫

联盟11号的惨剧

1971年6月6日，联盟11号飞船从拜科努尔发射场发射升空，载有3名航天员：乔治·多勃罗沃尔斯基、弗拉基米尔·沃尔科夫、维克多·帕查耶夫，飞船经变轨飞行后，与世界上第一艘空间站"礼炮1号"交会对接成功，3名宇航员进入了空间站。他们在空间站共停留了创纪录的23天18小时。6月29日晚上9时，航天员离开礼炮1号返回。

6月30日1时，飞船启动制动火箭，在再入大气层前，返回舱和轨道舱分离。但在两舱爆破分离时，返回舱的减压阀被震开，舱内急速减压，由于航天员未穿航天服，无法自救，致使宇航员在短时间内因急性缺氧、体液汽化而死亡。返回舱在降落伞减速下，安然着陆，但当人们打开舱门时，看到的却是刚刚遇难的3名航天员。

这次灾难的原因是飞船设计不合理，座舱非常拥挤，这使得返回程序规定航天员在返回前必须脱掉航天服。为此，苏联宇航负责人卡曼宁将军被撤职。这是苏联载人航天活动中最为悲惨的一次灾难。

因空气泄漏遇难的苏联联盟11号航天员

事故现场

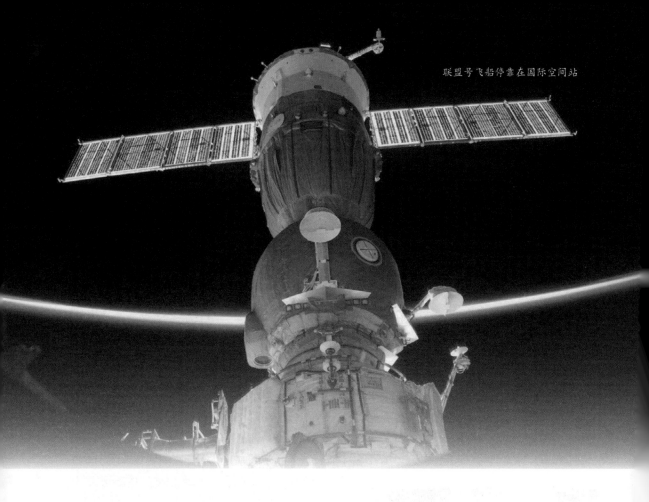

联盟号飞船停靠在国际空间站

联盟号飞船的辉煌成就

联盟号飞船是在东方号飞船的基础上发展起来的新一代载人飞船。为三舱结构，即返回舱、轨道舱和设备舱，飞船长9.0米，最大直径2.72米，发射重量6600千克，着陆重量3000千克，航天员在飞船内活动空间9.0立方米。太阳电池板翼展8.4米。联盟号能载3名航天员，具有轨道机动、交会和对接能力，可为空间站接送航天员，又能在对接后与空间站一起飞行。

联盟系列飞船包括联盟号、联盟-T、联盟-TM和联盟-TMA等几个发展阶段的型号。

联盟号飞船于1967年4月23日首次发射，至1981年5月，共发射了40艘联盟号飞船，其中22艘与礼炮号空间站实现对接。1971年6月6日苏联发射了联盟11号飞船，并在轨道上与礼炮1号对接成功。之后联盟11号飞船上的3名航天员进入礼炮号太空站的舱室，成为世界上第一个有人居住的太空站。

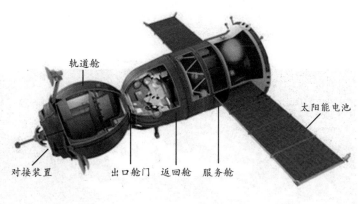

轨道舱

太阳能电池

对接装置　　出口舱门　返回舱　服务舱

联盟飞船结构图

联盟号在吸取失败教训和进行技术改进后，其技术日益成熟，从1962年苏联开始研制联盟号飞船至今，苏联/俄罗斯的联盟号飞船已经走过了半个世纪的历程。是苏联/俄罗斯载人航天计划中使用时间最长，最重要的天地往返运输工具，也是今天世界上最可靠的天地往返系统，创造了辉煌的航天史，现在仍是国际空间站的主要天地往返运输工具。

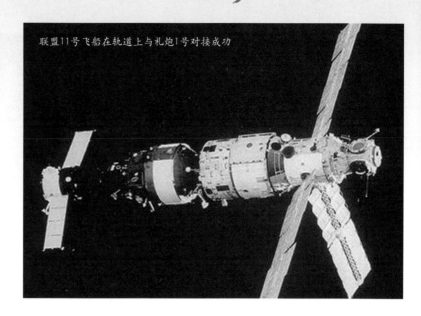

联盟11号飞船在轨道上与礼炮1号对接成功

联盟号飞船等待发射

联盟号飞船组装

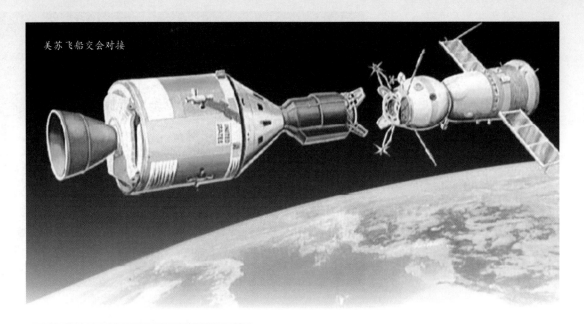

美苏飞船交会对接

联盟号与阿波罗太空握手

　　冷战时期，太空领域一直是美苏两个超级大国军备竞赛的重要战场，美苏两国能在最敏感的航天领域开展合作，源于共同面临着一个紧迫的难题：当载人飞船在太空发生事故时，如何向其提供救援？于是，科学家们开始酝酿美苏两国的载人飞船在太空进行对接的联盟－阿波罗计划，1972年美苏两国正式批准了该项国际空间合作计划，于是就有了联盟号与阿波罗太空握手精彩"表演"的一幕。

　　1975年7月17日，苏联联盟号宇航员阿列克谢·列昂诺夫（左）与阿波罗号飞船宇航员托马斯·斯坦德福(右)在对接后握手。

进步号货运飞船

延伸阅读
Extended Reading

联盟号飞船的衍生物——进步号货运飞船

为适应为空间站运送货物的需要，从1978年开始，苏联把"联盟"飞船的环境与生命保障系统返回着陆、应急救生等与人有关的系统去掉，改装成货运飞船，改装后的货运飞船称为"进步"飞船，每次可以为空间站运送2吨货物。从第五艘"进步"M飞船开始，还可以带回一个再入小舱，以便运回在空间站上生产的材料样品以及其他科学资料。

2001年，新型货运飞船"进步"M1投入使用，其燃料储备比"进步"M增加1倍，载货量大大提高，通信联系功能更强，与空间站对接后飞行时间也增加到180天。

第四节　美国航天飞机时代终结

航天飞机简况

　　航天飞机是世界上第一种往返于地面和宇宙空间的可部分重复使用的航天运载器。它像火箭一样垂直起飞，又能像太空飞船一样在轨道上运行，还能像飞机一样水平着陆。它是火箭、航天器和航空器的综合产物。按设计要求每架轨道飞行器可重复使用100次，每次最多可将29.5千克有效载荷送入近地轨道，将14.5千克有效载荷带回地面。可载3~7人，在轨道上逗留7~30天。

航天飞机由轨道器、固体燃料助推器和外储箱三大部分组成。

轨道器

轨道器即航天飞机本身，有机翼，它是整个系统的核心部分，轨道器是整个系统中，唯一可以载人的可在地球轨道上飞行的部分，外形像一架大型的三角翼飞机。轨道器全长37.24米，起落架放下时高17.27米；三角形后掠机翼的最大翼展23.97米；飞行结束后，携带有效载荷着陆的轨道器质量可达87千克。它所经历的飞行过程及其环境比现代飞机要恶劣得多，它既要有适于在大气层中作高超音速、超音速、亚音速和水平着陆的气动外形，又要有承受再入大气层时的高温气动加热。因此，它是整个航天飞机系统中，设计最困难，结构最复杂，遇到的问题最多的部分。

外储箱

由前部液氧箱、后部液氢箱以及连接前后两箱的箱间段组成。外储箱负责为航天飞机的3台主发动机提供燃料。外部燃料箱是航天飞机三大模块中唯一不能重复使用的部分，发射后约8.5分钟，燃料耗尽，外部燃料箱便被坠入到大洋中。

固体燃料助推器

两个火箭助推器中装有助推燃料，平行安装在外部燃料箱的两侧，为航天飞机垂直起飞和飞出大气层进入轨道，提供额外推力。在发射后的头2分钟内，与航天飞机的主发动机一同工作，到达一定高度后，与航天飞机分离，前锥段里降落伞系统启动，使其降落在大西洋上，可回收重复使用。

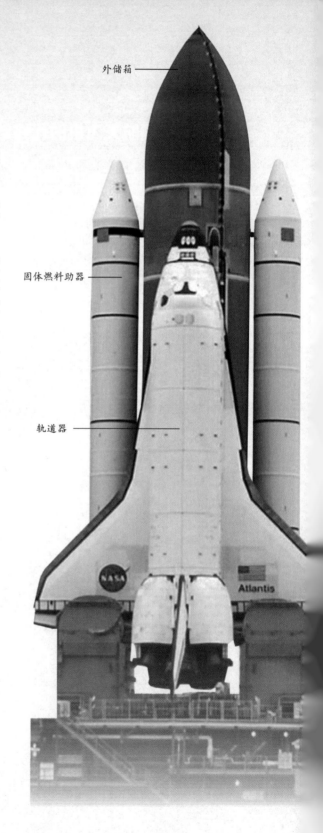

外储箱

固体燃料助推器

轨道器

美国航天飞机结构图

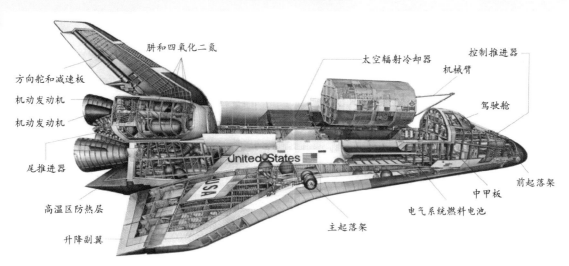

方向舵和减速板
机动发动机
机动发动机
尾推进器
高温区防热层
升降副翼
肼和四氧化二氮
太空辐射冷却器
机械臂
控制推进器
驾驶舱
前起落架
中甲板
电气系统燃料电池
主起落架

航天飞机的历史贡献

自1981年4月12日哥伦比亚号服役至2011年阿特兰蒂斯号的最后飞行，30年来，航天飞机取得了巨大成绩，美国也一直视其为太空骄子。

在轨释放卫星和维修

能捕获在附近轨道上飞行的其他航天器，如人造卫星，把它们"捉住"，装入自己的货舱。如果人造卫星在轨道上发生故障，航天飞机把它"捉住"修好后，重新放回到轨道上工作，以延长人造卫星的使用寿命，5次在太空修理哈勃空间望远镜及进行各种微重力科学实验等。

接送人员

航天飞机可以把地面的航天员送往空间，也可以把已经在空间的人员接回地面。航天飞机的设计注意了加速度的控制，从起飞到返回地面的整个过程中，它加速和减速都很缓慢，由于它发射时的超重小于3克，降落时小于1.5克，因此，对航天员的身体要求就大大降低。航天飞机可以把经过一定航天训练的科学家、工程师、医生和工人送到空间去，从事科学研究工作或其他空间工作。30年间乘坐过航天飞机的航天员达355人，其中48位是女性。

亚特兰蒂斯号航天飞机升空

运送货物

航天飞机一次可以把20～30吨的货物送入近地轨道，可以把大型空间站拆成若干组件分批送上去，还可以为大型空间站的工作人员运送生活用品和其他物资，使他们能在空间站长期工作。在国际空间站的发挥了重要的作用。30年中美国航天飞机共发射135架次运送1750吨货物。

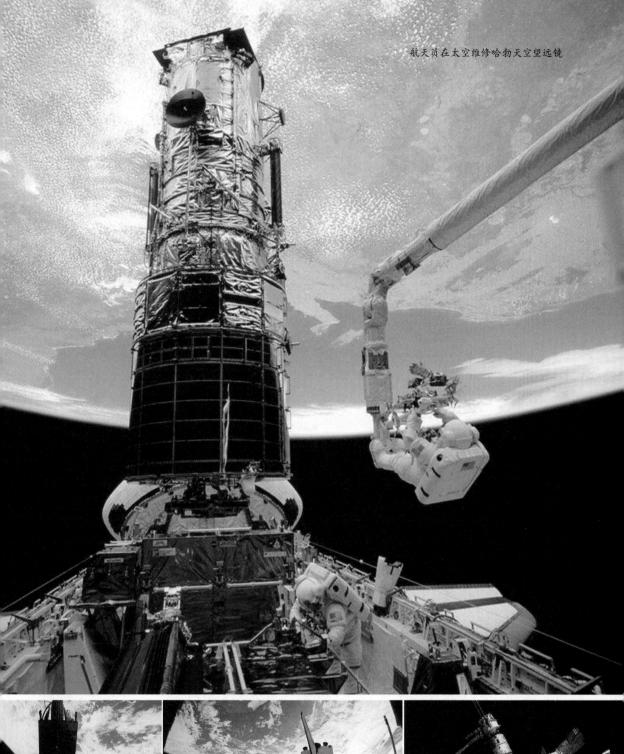

航天员在太空维修哈勃天空望远镜

飞机上的机械臂正在释放一颗卫星

停靠在国际太空站的航天飞机

航天飞机与国际太空站对接

怅然落幕

安全存在隐患

　　航天飞机庞大，投资巨大，技术十分复杂，安全成为航天飞机的严重问题。服役的5架航天飞机，因事故毁掉了两架，2次重大事故，导致14名航天员丧生。

挑战者号升空爆炸

　　1986年1月28日，美国挑战者号航天飞机在第10次发射时，天气异常寒冷，极低的气温导致固体火箭助推器连接处的一个密封圈失效，起飞后74秒钟时发生爆炸，造成7名宇航员(包括一名女教师)遇难。航天飞机因此停飞近3年，成为人类航天史上最严重的一次载人航天事故。

挑战者号航天飞机遇难的7名机组成员

挑战者号航天飞机凌空爆炸

哥伦比亚号返航解体

美国当地时间2003年2月1日，载有7名航天员的美国哥伦比亚号航天飞机在结束了为期16天的太空任务之后，返回地球，但在着陆前发生意外，航天飞机解体坠毁，机上7名宇航员全部罹难。事故原因据分析是，哥伦比亚号航天飞机发射时，外挂燃料箱表面脱落的一块绝热泡沫材料，击坏了航天飞机左翼前缘的隔热瓦，当航天飞机返回经过大气层时，产生剧烈摩擦使温度高达1400℃的空气，冲入左机翼后融化了内部结构，致使机翼和机体融化，导致了悲剧的发生。

维护保养等越来越昂贵

美国研制航天飞机的初衷是，是利用其可重复使用性来降低天地往返运输费用，实际恰好相反。多年来航天飞机有效载荷的发射费用一直高于传统的火箭，原来理想中的航天飞机，每次运营费用控制在300万美元，实际是航天飞机每次发射的维护和保养费用就高达4亿～5亿美元，维护和保养费占到了任务成本的45%，导致营运成本急剧上升。

哥伦比亚号航天飞机遇难的7名机组成员

2011年7月8日上午美国亚特兰蒂斯号航天飞机从佛罗里达肯尼迪航天中心成功发射升空，也是美国所有航天飞机的最后一次飞行。航天飞机上的4名机组人员在此次为期12天的行程中将向国际空间站送去供给、备用零件以及科学实验仪器。7月21日清晨，阿特兰蒂斯号航天飞机在佛罗里达州肯尼迪航天中心安全着陆，结束其"谢幕之旅"，美国为期30年的航天飞机项目正式画上了句号，美国航天飞机时代宣告终结。

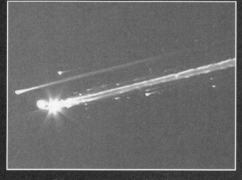

哥伦比亚号航天飞机在空中解体

"龙"飞船与空间站对接

相关链接

美国的后航天飞机时代

"龙"飞船在太空

　　航天飞机退役后，美国一方面将执行地面与空间站的往返任务，转向依靠商业航天，利用私人公司资金和力量，研制代替航天飞机的飞船，如美国太空探索技术公司研制的"龙"飞船等。

"龙"飞船溅落在海上

"猎户座"飞船

另一方面，积极研制新型飞船"猎户座"充分利用航天飞机和阿波罗的一些成果。

据介绍，猎户座飞船的外貌与阿波罗飞船相似，但内部空间比阿波罗飞船大2.5倍，最多可容纳6名航天员。

猎户座飞船用重型运载火箭发射，它没有机翼和尾翼，不再像航天飞机那样通过滑翔方式返回地球，而是通过降落伞降落，因而不需要复杂的气动外形和防热系统，在发射时飞船将与火箭串联在一起，即飞行器在火箭的顶部，而不像航天飞机那样与火箭并联，所以能远离燃烧的发动机和坠落的碎片造成的危险，从而增强飞行的安全性。采用了最先进的计算机系统，飞船的发射终止系统，遇紧急情况时，能在几毫秒内激活，带着乘员舱离开火箭。计划中的"猎户座"用途广，能飞往月球、小行星或火星，可以重复使用，

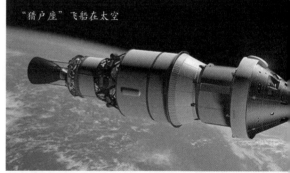

"猎户座"飞船在太空

"猎户座"飞船溅落在海上

第五章　中国"神舟"，天河圆梦

　　自2003年10月15日我国首位航天员杨利伟乘神舟5号载人飞船成功进入太空，并安全返回以来，我国已先后将10名航天员，共12人次送上了太空，中国已成为世界上第三个独立掌握载人航天技术的国家，实现了中华民族千百年来飞天的梦想。

第一节　华夏飞天"第一舟"

　　神舟飞船是中国自行研制，具有完全自主知识产权，达到或优于国际第三代载人飞船。

　　飞船全长8.86米，最大处直径2.8米，总重量达到7790千克。整船采用"三舱一段"式结构，即由返回舱、轨道舱、推进舱及一个附加段组成。其中轨道舱和附加段位于飞船前部，附加段位于轨道舱顶部，其中安装有交会对接机构，返回舱位于飞船中部，推进舱位于飞船的后部。返回舱与轨道舱为密封结构，推进舱为非密封结构。

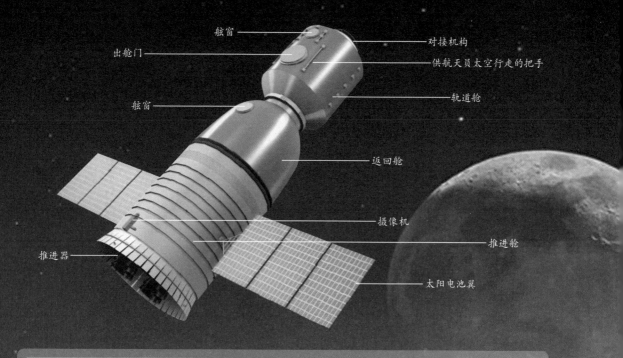

舷窗　　　对接机构

出舱门　　　供航天员太空行走的把手

　　　　　　　轨道舱

舷窗

　　　　　　　返回舱

　　　　　　摄像机

　　　　　　　　推进舱

推进器

　　　　　　太阳电池翼

神舟飞船的特点

第一　起点高

虽然中国载人航天工程起步较晚，但并不是从"加加林"时代的飞船起步，先搞单人飞船，再搞双人飞船，最后才搞多人飞船的路子，而是高起点，一步到位。神舟飞船一次就可以载三人，而且飞船内空间较大，体积比目前俄罗斯联盟TMA飞船返回舱大13%，是目前可利用空间最大的飞船。神舟飞船一步迈过了苏联、美国40年的发展历程，实现了跨越式的发展。

第一次载人飞行，苏联加加林只绕地球飞行一圈，而我国航天员杨利伟则飞行一天。

第二　性能先进，智能化程度较高

神舟起步晚的后发优势是可能利用信息技术的最新成果。从自动化控制，制导导航到数据管理，神舟的电子技术和智能化水平远远领先。

第三　用途广泛

轨道舱兼有生活和留轨试验的功能，在返回舱返回后，可以留轨工作半年，开展各种科学试验，由侧面太阳能电池阵提供能源，而国外，在返回舱返回后，轨道舱即被废弃。

三舱一段结构

返回舱

返回舱是载人飞船唯一返回地球的舱段，飞船起飞、上升到入轨及返回着陆时，航天员都在返回舱内，是飞船的指挥控制中心。

神舟号飞船的返回舱呈钟形，内设可供3名航天员斜躺的座椅，航天员在飞船起飞、上升和返回地面时就是躺在座椅上的。其舱门与轨道舱相连，航天员通过这个舱门，可以进入轨道

神舟五号返回舱成功着陆

舱。返回舱内还安装了飞行中需要航天员监视和操作的仪器设备，这些设备显示了飞船各系统和设备工作情况，航天员通过这些仪表既可以随时判断、了解飞船的工作情况，还可以在必要时人工干预飞船的系统和设备的工作。神舟号飞船的返回舱是密封的舱段，舱内是一个与外界完全隔绝的世界，舱内部安装的环境和生命保障系统，为航天员提供一个与地球环境一样、十分舒适的生活环境。另外，还安装了供着陆用的主、备两具降落伞。神舟号飞船的返回舱侧壁上开设了两个圆形窗口，一个用于航天员观测窗外的情景，另一个供航天员操作光学瞄准镜观察地面，驾驶飞船。内有环境控制和生命保障系统，确保舱内充满一个大气压力的氧氮混合气体，并将温度和湿度调节到人体合适的范围，确保航天员在整个飞行任务过程中的生命安全。

轨道舱

神舟号飞船的轨道舱呈圆桶形状，是航天员工作、生活和休息的地方。舱内除备有食品、饮用水和大小便收集器等生活装置外，还有空间应用和科学试验用的仪器设备。轨道舱的后端底部设有舱门，航天员通过这个舱门可以进入返回舱。为了使轨道舱在独自飞行时可以获得电力，轨道舱的两侧安装了两个像鸟儿翅膀一样的太阳电池翼。轨道舱尾部有4组小的推进发动机，每组4个，为飞船提供辅助推力和轨道舱分离后继续保持轨道运行的能力。

返回舱返回后，轨道舱相当于一颗对地观察卫星或太空实验室，它将继续留在轨道上工作半年左右。轨道舱留轨利用是中国飞船的一大特色，俄罗斯和美国飞船的轨道舱和返回舱分离后，一般是废弃不用的。

推进舱：

呈圆柱形，舱内安装推进系统发动机和推进剂、飞船电源、环境控制和通信等系统设备，为飞船在轨飞行和返回地面提供能源和动力。

轨道舱：

呈圆桶形状，提供出舱活动需要的气闸舱功能和航天员生活舱功能，装有泄复压设备、舱外航天服存放架。

附加段：

附加段也叫过渡段，是为将来与另一艘飞船或空间站交会对接做准备用的。在载人飞行及交会对接前，可以安装各种仪器用于空间探测。

返回舱：

形似大钟，航天员可乘坐它升空和返回地面，是飞船指挥控制中心，舱内设有仪表显示、报警和照明装置。

设有手动操作手柄及专用配套设备，必要时可手动控制飞船姿态。装有可以降落的降落伞和发推力火箭，实行软着陆。

推进舱

神舟号的推进舱又称设备舱，它呈圆柱形，内部装载推进系统的发动机和推进剂，为飞船提供调整姿态和轨道以及制动减速所需要的动力，还有电源、环境控制和通信等系统的各部分设备。两侧各有一对太阳翼，太阳翼可以绕连接点自动转动，这样不管飞船怎样运动，它始终可以保持面向太阳而获得最大电力。

设备舱的尾部是飞船推进系统，主推进系统由4台大型主发动机组成，它们在推进舱底部正中，在推进舱侧裙内四周又分别布置了4对纠正姿态用的小推进器，另外舱侧裙外还有辅助用的小型推进器。

附加段

附加段位于飞船的最前端，根据飞船的任务不同而有不同的设计。附加段内置与另一艘飞船或空间站的交会对接系统。

神舟飞船发射成功以后，与发射升空的天宫一号目标飞行器进行交会对接并开展相关科学试验。

打造天空生命绿洲——飞船环控生保系统

神舟五号飞船的环境控制和生命保障系统技术先进，它能给航天员在太空创造一个比较舒适的环境。

整个飞船有13个功能不同的分系统，它们是：结构与机构、有效载荷、热控制、制导导航与控制、推进、电源、数据管理、测控与通信、环境控制与生命保障、乘员、回收与着陆、仪表与照明和应急救生分系统。这些系统分别布置在这"三舱一段"飞船中，它们相

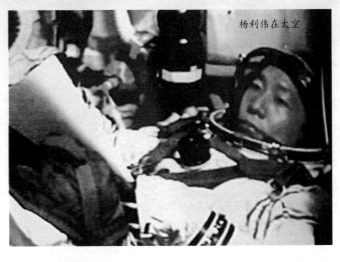

杨利伟在太空

互分工合作，为完成载人航天任务提供保障，其中环境控制与生命保障系统，简称环控制生保系统、是直接关系到航天员生命安全的不可缺少的保障环节，是载人航天的关键技术之一。该系统在载人航天器临射待命、发射飞行、轨道飞行、返回飞行和着陆后等待回收的各个阶段，为航天员创造合适的舱内生存环境条件，保障他们在太空飞行的特殊环境下安全地生活和正常地工作。

环控生保系统有两大功能：一是环境控制功能，实现飞行器座舱的内环境控制，即座舱大气压控制、气体成分控制（包括有害气体排除）、大气温度、湿度控制、及座舱防火、防噪声和防辐射等。二是生命保障功能 为航天员提供各种生活支持设施，解决空间飞行条件下，特别是轨道飞行的微重力条件下航天员的进食、饮水和处理个人卫生所遇到的特殊困难，保证人的正常生活。

神舟飞船在调试 神舟飞船在吊装

供气

环控生保系统的供气部分的作用是保证舱内一定的大气压力和大气成分。人类生活在地球大气环境中，呼吸空气中的氧气，外面有一定的大气压力。一旦人体周围失去大气压力，人体内的气体就会膨胀，溶解在血液内的气体就会逸出，血液就会沸腾起来，人就会死亡。所以，人体不仅要呼吸氧气，而且周围必须有合适的大气压力。

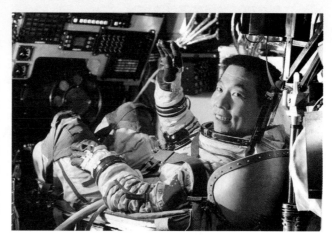

神舟五号航天员杨利伟

苏联/俄罗斯从第一代载人航天器东方号开始就采用一个大气压的氧氮混合的座舱大气，不仅人的适应性好，而且着火的危险性小，安全性好。美国前三代载人飞船均采用了1/3大气压的纯氧座舱大气，虽然此方案构成简单，较易实现，但安全性较差，曾发生过火灾，因此美国自航天飞机起也改用了一个大气压的氧氮混合座舱大气。我国神舟号载人飞船，确定为最优良的一个大气压氧氮混合的座舱大气，其中氧分压略高于地面值。

座舱大气温湿度控制

载人飞船座舱内大气中的热量主要来自人体的代谢热、舱内仪器设备工作时产生的热量和透过舱壁来自飞船外部的热量。舱内大气的水气主要来自人体呼吸和体表的蒸发，另外在个

神舟六号航天员费俊龙、聂海胜在模拟舱训练

人卫生活动中也要向舱内挥发少量的水气。为保证舱内的正常温度和湿度，需要对舱内的温度和湿度进行控制。迄今为止，载人航天器，除美国最早的水星号飞船外，都采用了泵压冷却液循环的主动温控技术，根据神舟飞船三舱段总体构型，船上热量及分布变化的情况及设备的温控要求，神舟采用内外双冷却液循环回路组成的飞船主动温控方案。全船的温控调配能力强，为航天员在太空创造了比较舒适的生活和工作环境。

二氧化碳和微量有害气体排除

座舱内大气污染主要来自航天员代谢产物和某些金属材料、设备加热后的挥发。二氧化碳是座舱大气中产出量最多的有害气体，主要来自人体的呼吸代谢。一个人一天平均呼出490升二氧化碳，如果不采取措施，则舱内的二氧化碳浓度将迅速上升，这样会危及航天员的健康和安全。

排除二氧化碳主要是用氢氧化锂或超氧化物如超氧化钾等，用活性炭吸附和催化氧化等方法排除其他微量有害气体，对大气中的微尘等有害物采用特制的过滤装置清除。

废物收集和处理

在航天活动在产生的废物，一部分属于人体的代谢废物，一部分属于日常生活和工作形成的废弃物，如用过的卫生纸巾、剩余的食物、食品包装和残渣、呕吐物等。

在太空特殊微重力环境和密闭又狭小的座舱环境，使得大小便、个人卫生处理等，在地面十分容易做的事情，变得相当困难和复杂。

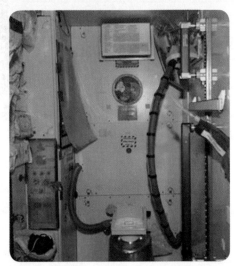

为中国神七研制的专用"太空厕所"

中国、苏联、美国第一艘载人飞船的主要技术指标

项　目	东方号	水星号	神舟号
起飞质量	约4.7吨	约1.4吨	7.8吨
座舱最大直径	2.3米	1.8米	2.5米
再入方式	弹道式	弹道式	升力式
电源	蓄电池	蓄电池	太阳电池
飞船舱段	再入舱、仪器舱	座舱、制动舱	轨道舱、返回舱、推进舱、附加段

食谱食品包

航天饮水包

航天饮水包内盛装的软包装饮水

大小便的收集和处理

手动接触式袋子收集法：将袋子直接套或贴在收集部位进行收集，收集完后，手动将袋子做简单的杀菌处理后放入废物箱内。这种方法技术简单，但适应性和卫生性较差，航天员有心理负担，不乐意接受。美国早期载人航天曾使用过这种方法。神舟载人飞船采用半自动式的废物收集方式，在风机产生气流的作用下，实现微重力大小便的传输和收集，大便后手动将大便袋从桶中取出放入废物箱中，尿液自动随气流进入尿贮箱，用装填在箱内的高效吸水材料静态吸附，实现微重力下的气/液尿分离，经过过滤除臭、杀菌后，卫生清洁的气体还回到舱内。

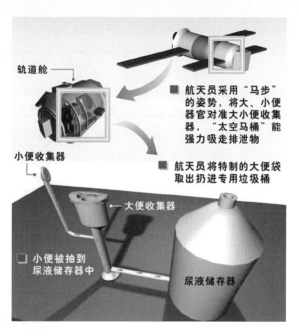

轨道舱

小便收集器

■ 航天员采用"马步"的姿势，将大、小便器官对准大小便收集器，"太空马桶"能强力吸走排泄物

■ 航天员将特制的大便袋取出扔进专用垃圾桶

大便收集器

□ 小便被抽到尿液储存器中

尿液储存器

航天员在返回舱模拟训练

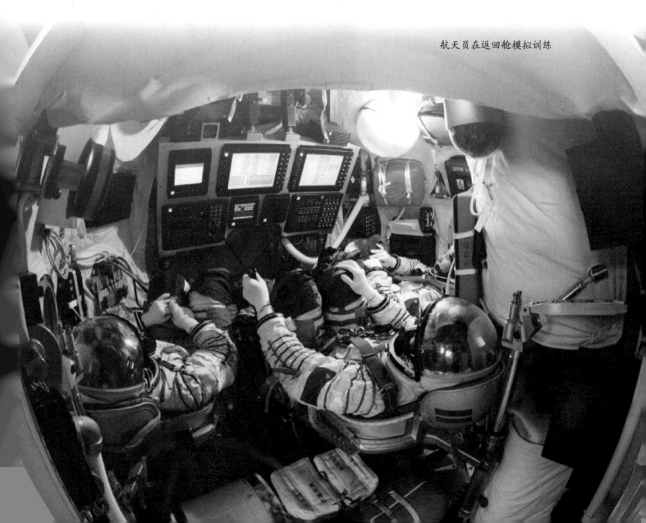

第二节 "神舟"10次飞行成功突破载人航天三大关键技术

从1999～2013年我国先后发射10艘神舟飞船，其中5艘为无人飞船，5艘为载人飞船，神舟飞船的10次飞行，成功地突破了载人航天三大基础技术，即：把人送上太空，并安全返回；航天员太空行走；航天器空间交会对接。三大关键技术的突破为建设我国空间站打下了坚实的物质、技术基础。

成功把人送上太空，并安全返回

2003年10月15日9时，载着中国首位飞天航天员杨利伟的神舟五号飞船发射升空。

在飞船运行至第7圈的时候，杨利伟在太空中展示了中国国旗和联合国旗，并用英语表达了中国人"和平利用太空、造福全人类"的美好愿望。

航天员杨利伟出征

"神舟"载人飞船返回舱返回地面

神舟五号飞船

杨利伟在太空

飞船绕地球飞行14圈后，10月16日顺利降落在内蒙古中部的主着陆场，航天员杨利伟自主出舱。神舟五号载人飞船的发射成功，标志着中国载人航天工程取得了历史性的重大突破，圆了中华民族千年飞天梦想，使中国成为世界上第三个能够独立开展载人航天活动的国家。

神舟五号飞船返回舱

神舟七号航天员翟志刚（中）、刘伯明（右）、景海鹏（左）

实现航天员太空行走

　　航天员太空行走，即航天员出舱活动，是人类进入太空必不可少的基础技术。

　　航天员离开载人航天器，只身进入茫茫的太空以后，将以飞船同样的速度（每秒约8千米）绕地球飞行，飘浮在太空，航天员在太空虽然说是"走"，但它并不是用"脚"，而主要是靠"手"来完成操作和行走。航天员出舱必须穿舱外航天服。

航天员探身招手

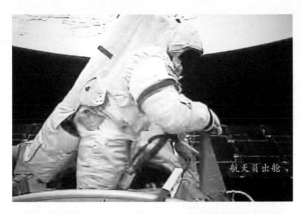
航天员出舱

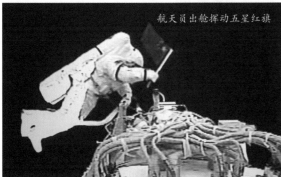
航天员出舱挥动五星红旗

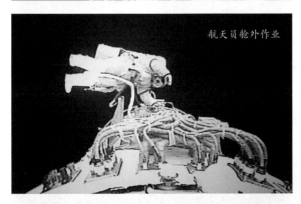
航天员舱外作业

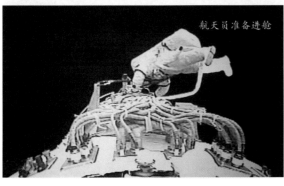
航天员准备进舱

2008年9月25日，神舟七号飞船载着航天员翟志刚、刘伯明、景海鹏飞向太空。27日16点43分，翟志刚穿着我国自主研制的"飞天"舱外航天服，在刘伯明的协助下打开舱门，迈出了中国人在浩瀚太空中的第一步。

舱外活动持续了19分35秒。在这段时间里，翟志刚"飞"过了9165千米，成为中国"飞得最高、走得最快"的人。出舱活动完成后，飞船释放了一颗伴飞小卫星，这是一项填补国家空白的新技术试验。

9月28日17点37分，神舟七号飞船返回舱稳稳地降落在内蒙古阿木古郎草原，圆满实现了"准确入轨、正常飞行、出舱活动圆满、安全健康返回"的目标，我国也成为世界上第三个掌握出舱活动技术的国家。

神舟七号飞船返回舱稳稳地降落在内蒙古阿木古郎草原

奋进号航天飞机与国际空间站对接

关键3：圆满完成航天器空间交会对接

　　航天器交会对接，是两个航天器在太空轨道上会合并在结构上连成一个整体的技术。

　　交会对接中被动对接的航天器称为目标飞行器，主动进行对接的航天器称为追踪飞行器。交会对接方法有人工控制和自动控制两种，航天器里无人时叫无人交会对接。

　　航天器空间交会对接用途广泛，如组建空间站，对站上航天员进行定期轮换、补给燃料、食物以及进行太空营救等，都要靠航天器空间交会对接来实现。掌握航天器空间交会对接技术，是国家航天技术实力增强的重要标志。

　　在茫茫的太空，让两个高速飞行的航天器交会对接，是一项高难度高风险的技术，在人类航天史上，此类事故多有

联盟TMA6号太空船与国际空间站对接

发生。即便是已经掌握成熟空间对接技术的美国和俄罗斯，失败仍然无法避免。如1971年肩负登月任务的阿波罗14号就曾发生过对接事故；1997年俄罗斯进步M号飞船，在对接试验中重伤和平号空间站；2005年美国一艘飞船在对接过程中直接撞上了卫星；就在2010年，俄罗斯飞船在与国际空间站对接过程中，还曾发生事故。由于技术复杂，实现交会对接的过程比较缓慢，并且十分精细。

我国神舟八号、神舟九号、神舟十号分别与天宫一号圆满完成了包括人工控制和自动控制在内的航天器交会对接，成功突破和掌握了航天器空间交会对接技术。

神舟八号与天宫一号成功实现无人交会对接

神舟八号无人飞船是中国"神舟"系列飞船的第八艘飞船，于2011年11月1日由改进型长征二号F遥八火箭顺利发射升空。升空后2天，"神八"与此前发射的天宫一号目标飞行器进行了无人自动空间交会对接。组合体运行12天后，神舟八号飞船脱离天宫一号并再次与之进行交会对接试验，这标志着我国已经成功突破了空间交会对接及组合体运行等一系列关键技术。2011年11月16日18时30分，神舟八号飞船与天宫一号目标飞行器成功分离，返回舱于11月17日19时返回地面。

神舟号飞船与天宫一号目标飞行器对接

神舟九号飞船实施载人飞行，进行首次手控交会对接

手控交会对接给任务带来了新的特点与难点，不过，此次任务备受关注还有另外一个重要原因，那就是中国第一位女航天员将登临太空。

刘洋，就是我国第一位飞天女航天员。她参加载人航天飞行任务，填补了我国女性航天飞行的空白。

除刘洋外，"神九"乘组还有两名男航天员：景海鹏和刘旺。景海鹏曾经执行过神舟七号任务，他也成为中国首位二度飞天的航天员；刘旺是此次任务的"驾驶员"——他主要负责手控交会对接。

2012年6月16日，"神九"航天员迈着坚定的步伐向太空出征。在天宫一号目标飞行器与神舟九号飞船进行了一次自动交会对接后，6月24日，飞船和目标飞行器分离，刘

我国第一位飞天女航天员刘洋

旺操作着飞船从140米外向天宫一号靠近，取得了首次手控交会对接的成功。这标志着我国成为世界上第三个完全独立自主掌握交会对接技术的国家。

神舟九号飞船在太空中飞行了约13天，于6月29日返回地面。通过神舟八号、神舟九号两次任务，我国突破和掌握了交会对接技术，全面实现了交会对接任务的目标。

神舟九号航天员乘组指挥长景海鹏（中）、航天员刘旺（左）、航天员刘洋（右）返回地面

神舟十号再次验证交会对接技术

在神舟十号飞行任务中，3位航天员"驾驶"飞船与天宫一号目标飞行器分别进行了一次自动交会对接、一次手控交会对接，进一步验证了交会对接等重要技术，考核了组合体对航天员生活、工作和健康的保障能力，为未来航天员中长期在轨飞行和载人空间站建设奠定了基础。此外，神舟十号飞船围绕天宫一号进行了首次绕飞试验。

神舟十号任务的圆满完成，表明我国已成功突破和掌握了载人天地往返、航天员出舱活动和航天器空间交会对接这三大载人航天关键性基础技术，实现重大跨越。

航天员王亚平"太空授课"

神舟十号航天员聂海胜（中）、张晓光（左）、王亚平（右）从太空送来端午祝福

129

太空行走的3种方式

"脐带"式 这是最早的航天员出舱的方式。就是给出舱航天员系上一根安全带。因为很像人出生时的"脐带"，所以称之为"脐带式"太空行走。航天员在舱外所需要的氧气、压力、冷却工质、电源和通讯等都是通过"脐带"由母航天器提供，"脐带"还能是起保险作用，防止航天员飘离载人航天器太远而回不来。这种"脐带"式，结构简单、安全、成本低廉，但"脐带"不能太长，一般5米，否则在太空容易发生缠绕，因此采用"脐带"式出舱的航天员的活动范围较小，只能在母航天器附近活动。

美国人怀特的第一次太空行走

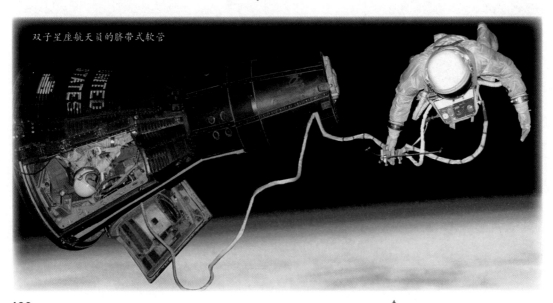

双子星座航天员的脐带式软管

系绳式 即给出舱航天员系一根绳子连接母航天器，系绳中有的还包络电话线，主要起保险和通信功能。与"脐带"式一样，系绳式结构简单、安全、成本低廉，由于系绳长度的限制，出舱的航天员的活动范围较小。

我国首次太空行走就采用了这种系绳式，不过通信等已经采用更为先进的方法，系绳主要起保险的功能。

自由式 航天员穿着舱外航天服出舱后，与母航天器分离，借助载人机动装置，航天员自由的进行舱外活动。称为自由式太空行走，这种方式可以使航天员有较大的活动半径，可到离母航天器100米左右远处活动。

航天史上第一次太空行走的人——阿里克谢·列昂诺夫

美国的载人机动装置

什么是载人机动装置

载人机动装置是一个大型的喷气背包式机动装置，套在便携式生保装置外边，它借助喷气推进，在太空能"自由"机动飞行。有人称它是太空"摩托艇"或太空自行车。

1984年2月7日美国航天员麦坎德利斯和斯图尔特两人从挑战者号航天飞机上出舱，在载人机动装置的帮助下，人类首次实现了无绳的出舱活动。飞离航天飞机91米。

这个载人机动装置由推进剂储存容器（2个氮气瓶）、供气装置、喷气推进器、控制器、空间定向系统和电源等组成，高约1.25米，宽约0.83米，总重150千克，内装12千克液氮，分装在2个氮气瓶内，采用高压氮气作为空间行进的动力。它像一把没有座位的椅子，安放在航天员的背上。在它空间长方体的8个角上安装了24个推力器，每个角3个，24个推力器分为主推力器和备份推力器2组，在发生故障时备份组可自动切换上。航天员通过扶手上的开关，控制24个微型喷嘴，喷射压缩氮气，来形成各个方向不同大小的反推力，实现各个方向的移动，在太空中机动行走的速度，最高为64千米／小时，最低为0.5~1.6千米／小时，可在6个自由度上，即上、下、前、后、左、右机动飞行。

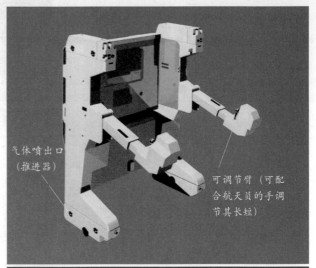

气体喷出口（推进器）

可调节臂（可配合航天员的手调节其长短）

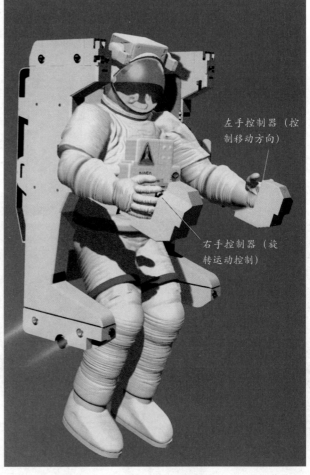

左手控制器（控制移动方向）

右手控制器（旋转运动控制）

载人机动装置示意图

神舟七号独特的气闸舱

气闸舱是载人飞船座舱与真空空间之间的隔离段，是航天员进入太空必经的过渡通道，它通过泄压和复压来实现飞船从载人环境到空间环境的过渡。在载人飞船、空间站上都设有气闸舱，它是航天员进行出舱活动进行太空行走的关键设备。

为了完成航天员出舱活动，对神舟六号飞船轨道舱进行了改进，轨道舱经过改进，既保留了航天员的生活舱功能，又充当出舱活动需要的气闸舱。所以这个舱段对神舟七号飞船来说是一舱两"名"，根据其支持航天员太空生活的功能称为轨道舱；根据其支持航天员出舱活动的功能，称作气闸舱。尽管是在神舟六号飞船轨道舱基础上进行改进的，但实际上气闸舱已进行了全新设计，神舟七号的轨道舱 (气闸舱)已经是一个全新的航天器。气闸舱的关键是要保证绝对的封闭，为此采用了舱门

神舟七号气闸舱

快速检漏仪。它像一个反应灵敏的"安全卫士"，通过内部的传感装置，感受压力和温度的变化，在短短几分钟之中判断出舱门是否关闭完好，并向航天员发送出"舱门关闭好了，可以脱下航天服。"这样的确认信息。

神舟七号舱门打开瞬间

航天员在组装国际空间站

组建空间站

国际空间是迄今最大的载人航天器，总质量可达400多吨，其规模相当于两个足球场大小。它采用的是桁架挂舱式结构，即以桁架为基础结构，各舱段、太阳能电源、移动服务系统及外露试验设施等挂靠在桁架上，形成桁架挂舱式空间站。这个庞然大物是不可能在地面组装好整体发射到太空的，必须将组装的部件送上太空，通过数十次的航天员出舱活动将它们搭建了起来。

太空行走的用途

航天员走出飞船座舱，只身进入太空的重要任务是进行太空作业。随着载人航天事业的发展，太空作业任务越来越重，出舱活动也越来越频繁。自20世纪60年代人类首次出舱活动以来，已经进行了数百次的出舱活动，累计在太空作业的时间已达数千小时，其中有按计划进行的作业项目，如摄影和观测；对航天器表面的固定仪器和设备进行常规检查维修、组装空间站、进行科学试验研究、捕捉和维修卫星、释放卫星等，也有临时安排的紧急任务。

机械臂将航天员送入指定位置

进行太空维修

1993年1月，美国航天飞机的出舱活动中就着手为维修发生故障的哈勃太空望远镜进行了准备，在以后的3次进入太空中，共进行了7次出舱活动，航天员在太空停留累计近50小时维修哈勃太空望远镜。

为了给哈勃太空望远镜更换部件，在更换部件前，一名航天员用航天飞机上的机械臂将它捕获，运送到航天飞机有效载荷舱内，航天员进入有效载荷舱，爬上哈勃太空望远镜，安装新部件。当地面控制人员确信哈勃望远镜运行状态良好后，再由机械臂将它放回太空，使这颗造价达15亿美元的哈勃太空望远镜能够以更高的精度和更长的寿命继续服役。

排除航天器故障

2005年，美国发现号航天飞机成功与国际空间站对接后，航天员进行了3次出舱活动。航天员首次来到了以前从未敢冒险到达过的航天飞机的机腹位置，查看航天飞机隔热瓦的破损情况，并进行了修补工作，以预防再次发生2003年哥伦比亚号航天飞机的惨剧。

进行空间科学试验

我国神舟七号飞行最主要的任务就是完成中国载人航天工程中第一次出舱活动，结合出舱活动，开展了多项空间科学试验，例如通过出舱活动进行了固体润滑材料舱外暴露试验等。

出舱活动"窗口"

航天员出舱活动不是任何时间都可以进行，最佳的出舱活动时间范围，称为出舱活动"窗口"。

出舱活动"窗口"综合考虑各种因素确定。首先要考虑航天员的安全，其次还要考虑到设备的安全，例如尽可能安排在阳照区，出舱"窗口"应保障地面的测控覆盖等。载人航天器在近地轨道运行时，将多次穿越南大西洋异常区，这一区域的异常辐射对人体有很大危害，对航天器上的电子设备、仪器也有影响，因此在确定出舱活动"窗口"时，必须避开这样的区域。

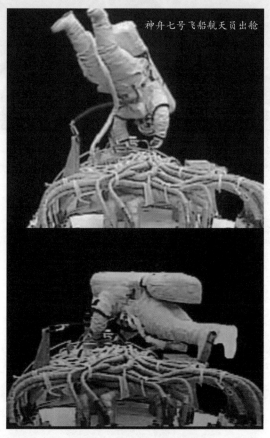

神舟七号飞船航天员出舱

航天员在维修天空实验室

解读 神舟九号与天宫一号交会对接全过程

整个交会对接大致经过四个阶段

远距离导引段

神舟飞船入轨后，在地面站的引导下，经过4次变轨，使得神舟飞船达到与天宫一号共面的330千米的圆形轨道。然后再进一步引导神舟飞船到距天宫一号后下方52千米处，与天宫一号建立稳定的空空通信链路，自此完成了远距离导引。

自主控制段

从52千米开始转入飞船自主控制段。这个阶段又细分为寻的、接近和平移靠拢三个阶段。从52千米到5千米为寻的段；从5千米到140米为接近段；从140米到对接机构接触为平移靠拢段。为了保证每一步准确对接，降低风险，中间设了4个停泊点（停泊就是安全的等候），分别是5千米、400米、140米和30米。在停泊点，对飞船进行例行"体检"，把轨道调整到理想位置，合格方能放行，一旦出现问题，神舟九号可以通过地面控制撤离到上一个停泊点，等待故障处置。走一段停一停，如果某一阶段出了问题，可以退回上一停泊点，解决后继续按计划前进，向天宫一号慢慢靠近。

对接段

神舟九号与天宫一号对接环刚一接触，飞船尾部发动机随即点火，将飞船轻轻推进天宫怀抱，对接机构先后完成捕获、缓冲、拉近和锁紧4个过程完成交会对接并密封。

联合体飞行段

两个航天器对接后，变成一个质量和体积都很大的航天器，继续绕地球运行。

导引段

接触

缓冲

拉近

锁紧

第三节　神舟一号到神舟十号、天宫一号概览

神舟一号

1999年11月20日凌晨，在酒泉卫星发射中心新建的载人航天发射场上，长征二号F运载火箭托举着神舟一号飞船拔地而起，呼啸着向太空飞去。飞行约10分钟后，飞船与运载火箭成功分离，准确进入预定轨道。神舟一号在环绕地球飞行14圈后，飞船返回舱于21日在内蒙古中部地区着陆。

神舟一号飞船

神舟一号飞行试验，成功的考核了运载火箭的性能和可靠性；验证了飞船的舱段连接和分离、调姿和制动、升力控制、防热等5项重要技术，以及与测控通信、着陆回收等各大系统的协调性和匹配性，是中国航天史上又一次"零"的突破。

神舟二号

我国第一艘正样无人飞船，于2001年1月10日发射升空，1月16日返回。与神舟一号飞船相比，神舟二号的系统结构有了新的扩展，技术性能有了新的提高，飞船的技术状态与载人飞船基本一致。在太空运行时间从神舟一号试验飞行的1天增加到了7天，完成7项实验任务，其中生命科学及生物技术实验4项、空间天文和空间环境探测2项、航天遥感应用研究1项。神舟二号实现了留轨技术，轨道舱留轨运行约半年时间，获得了大量信息与数据。

神舟二号号飞船在转运发射场

神舟三号飞船

神舟三号

在模拟载人状态下的第一次飞行试验。搭载了人体代谢模拟装置及形体假人，能定量模拟航天员的心率、血压、耗氧及产生的热量等多种太空生活的重要生理活动参数，比国外用动物做实验更为科学，为航天员进入太空提供了可靠的数据。飞船和火箭增加了与航天员安全性相关的措施，具备了航天员逃逸和应急救生功能。一切都按照载人的标准来实施，是一次承上启下的关键性试验。2002年3月25日，神舟三号飞船成功启航，约6天后，飞船返回舱安全返回。

神舟四号

我国航天员上天之前的最后一次无人试验。神舟四号飞船的技术状态与载人飞行时完全一致，增加了在轨自主应急返回、人工控制等功能，并完善了航天员逃逸救生系统。这次飞行还完成了空间生命及生物技术实验、微重力流体物理学实验、微波遥感实验和空间环境监测等多项试验任务。2002年12月29日，飞船在隆冬−20℃多度的恶劣气候条件下顺利起飞，2003年1月5日随着神舟四号返回地面，载人航天工程的最后一次彩排圆满落幕，中国人登临太空的梦想又向前迈进了一大步。

神舟四号飞船返回舱

神舟五号

神舟五号载人飞船将中国第一名航天员杨利伟送上太空。飞船绕地球飞行14圈后，10月16日顺利降落在内蒙古中部的主着陆场，航天员杨利伟平安出舱。神舟五号载人飞船的发射成功，标志着中国载人航天工程取得了历史性的重大突破，圆了中华民族千年飞天梦想，使中国成为世界上第三个能够独立开展载人航天活动的国家。

神舟五号航天员杨利伟向人们挥手致意

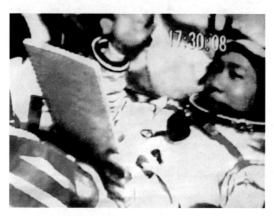

神舟五号航天员杨利伟在太空与地面通话

神舟六号

第一次双人太空飞行，从航天事业发展看，一人一天的飞行只是一次验证，在未来对太空的探索中，需要多名航天员长期在轨工作，多人多天的飞行任务是接下来的挑战。

2005年10月12日清晨，神舟六号在酒泉卫星发射中心用长征二号F运载火箭将费俊龙和聂海胜2名航天员送上太空，这次飞行中，航天员脱下重达10千克的航天服，打开了返回舱与轨道舱连接的舱门，首次进入轨道舱进行科学实验活动。神舟六号舱内配备了可供航天员休息的睡袋，还可以进行食品加热，做一些卫生处理，在7天的太空飞行中，2名航天员交替休息。神舟六号任务不仅要验证两人多天飞行，而且是航天员第一次进入轨道舱工作和生活；第一次进行有人参与的空间科学和技术试验；第一次对飞船载人环境，特别是环境控制和生命保障能力进行大负荷，长时间的考核。10月17日凌晨，神舟六号返回舱，准确降落在预定区域，神舟六号任务的成功，标志着中国载人航天工程，圆满实现了"三步走"中的第一步，把人送上太空并安全返回的目标。

神舟六号航天员费俊龙（前）、聂海胜

神舟六号吊装

装配中的神舟号飞船

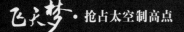
神舟七号

　　2008年9月25日，神舟七号飞船载着航天员翟志刚、刘伯明、景海鹏飞向太空。27日16点43分，翟志刚穿着我国自主研制的"飞天"舱外航天服，在刘伯明的协助下打开舱门，迈出了中国人在浩瀚太空中的第一步，中国航天史上的又一个里程碑。

神舟七号航天员翟志刚（中）、刘伯明（右）、景海鹏（左）

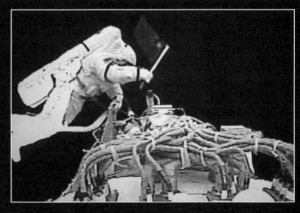

神舟七号航天员翟志刚成为中国太空行走第一人

舰船对接

神舟八号

神舟八号是"神舟"系列飞船中的无人飞船。于2011年11月1日由改进型长征二号F火箭顺利发射升空。升空后2天,"神八"与此前发射的天宫一号目标飞行器进行了无人自动空间交会对接。组合体运行12天后,神舟八号飞船脱离天宫一号并再次与之进行交会对接试验,这标志着我国已经成功突破了空间交会对接及组合体运行等一系列关键技术。2011年11月16日,神舟八号飞船与天宫一号目标飞行器成功分离,返回舱于11月17日返回地面。

神舟八号电磁兼容试验

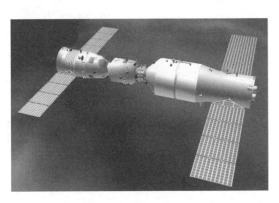

神舟八号飞船对接示意图

神舟八号飞船返回地面

143

神舟九号航天员乘组指挥长景海鹏(中)、航天员刘旺(右)、航天员刘洋(左)

神舟九号

神舟九号飞船实施载人飞行，进行首次手控交会对接，乘组人员有景海鹏、刘旺和刘洋。刘洋是我国第一位飞天女航天员。她参加载人航天飞行任务，填补了我国女性航天飞行的空白。

2012年6月16日，神舟九号飞船在酒泉卫星发射中心发射进入太空，2012年6月18日约11时左右，神舟九号转入自主控制飞行，14时左右与天宫一号实施自动交会对接，在天宫一号目标飞行器与神舟九号飞船进行了一次自动交会对接后，6月24日，飞船与天宫一号分离，刘旺操作着飞船从140米外向天宫一号靠近，取得了首次手控交会对接的成功。这标志着我国成为世界上第三个完全独立自主掌握交会对接技术的国家。

神舟九号飞船在太空中飞行了约13天，于6月29日返回地面。通过神舟八号、神舟九号两次任务，我国突破和掌握了交会对接技术，全面实现了交会对接任务的目标。

神舟九号飞船转场

神舟十号

2013年6月11日，由长征二号F改进型运载火箭成功发射进入太空，在轨飞行15天左右，加上发射与返回，其中停留天宫一号12天，共搭载3位航天员——聂海胜、张晓光、王亚平。

神舟十号航天员在返回舱内训练

神舟十号任务和以前最大的区别是神舟飞船第一次进行应用性飞行，也就是说以前的飞行都是实验性飞行，从神舟五号到神舟九号，主要任务都是为了验证飞船自身的技术，到神舟九号突破和掌握了交会对接技术，具备了作为空间站的天地往返载人运输系统的能力，神舟十号是应用性飞行，就是开始执行"太空班车"任务，为空间站提供人员和物资运输保障等。

在神舟十号飞行任务中，3位航天员"驾驶"飞船，与天宫一号分别进行了一次自动交会对接、一次手控交会对接，进一步验证了交会对接等重要技术，考核了组合体对航天员生活、工作和健康的保障能力，为未来航天员中长期在轨飞行和载人空间站建设奠定了基础，此外，神舟十号飞船围绕天宫一号进行了首次绕飞试验。

在神舟十号飞行期间，航天员还开设了"太空课堂"，通过充满趣味性和知识性的授课，激发了青少年对航天和未知世界的探索热情。

神舟十号任务是我国交会对接任务的收官之战，至此，我国已成功突破和掌握了载人天地往返、出舱活动和交会对接这三大关键性基础技术，载人航天事业实现重大跨越。2013年6月26日，神舟十号安全降落在地面。

航天员聂海胜（中）、张晓光（左）和女航天员王亚平（右）

天宫一号

天宫一号的名字源于小说《西游记》中孙悟空"大闹天宫"的典故，寄托着中华民族对"太空家园"的美好向往。

天宫一号重8.5吨，长10.4米，最大直径3.35米，由实验舱和资源舱组成，天宫一号实验舱活动空间约15平方米，可满足2～3名航天员工作和生活的需要。为了让航天员住得舒适，天宫一号还进行了一系列人性化设计，如设立了两个专用睡眠区，航天员可自主调节舱内光线等。设计使用寿命两年，是目前我国最大、最重的近地轨道长寿命飞行的载人航天器。

天宫一号是我国首个空间实验室的雏形，于2011年9月29日发射升空。它的主要任务是作为空间交会对接目标，完成交会对接试验；保障航天员在轨驻留期间的工作和生活；并初步建立能够短期载人、长期无人独立可靠运行的空间试验平台。天宫一号分别与神舟八号、神舟九号、神舟十号飞船实现交会对接，并接待了6名航天员开展空间科学实验和技术试验。

天宫一号检测

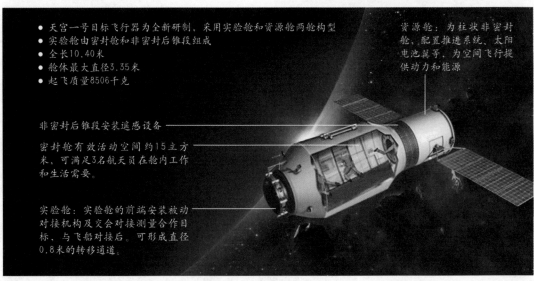

- 天宫一号目标飞行器为全新研制、采用实验舱和资源舱两舱构型
- 实验舱由密封舱和非密封后锥段组成
- 全长10.40米
- 舱体最大直径3.35米
- 起飞质量8506千克

资源舱：为柱状非密封舱，配置推进系统、太阳电池翼等，为空间飞行提供动力和能源

非密封后锥段安装遥感设备

密封舱有效活动空间约15立方米，可满足3名航天员在舱内工作和生活需要。

实验舱：实验舱的前端安装被动对接机构及交会对接测量合作目标，与飞船对接后，可形成直径0.8米的转移通道。

什么是航天测控网？

载人飞船在运行过程中，要围绕地球进行多圈次的飞行，为了确保地面工作人员在任何时候都能够及时、准确地掌握情况，我们就必须在飞船预定的飞行轨道下方布置相应的测控通信设备，通过无线电掌控着飞船的"一举一动"。测控通信系统所属的设施设备并不是集中在一个地方的，其分布情况可以说是遍布全国，甚至遍布全球，包括设立飞行控制中心，在全国乃至全球范

卫星测控天线

围内部署多个航天测控站和海上航天测量船，需要利用数据中继卫星系统和导航卫星系统，需要建立连接各站（船）和中心的通信系统，还需要建立对这些测控资源进行管理的资源调度中心等。由于这是一个集合多项功能、系统庞大、分布范围广的网状系统，因此习惯上称之为"航天测控网"。

航天测控网的重要作用

航天测控网是载人航天工程八大系统之一，是航天系统中天地之间联系的通道，它通过分布于全球的航天测控站、海上测量船和数据中继卫星，建立地面与航天器之间的天地无线电链路，完成对航天器的跟踪、测轨、遥测、遥控和天地通信及数据传输等。

飞行控制中心将汇集各测控站（船）和数据中继卫星通过下行链路传输的信息，经处理和分析后形成控制决策，生成遥控指令或对航天员的话音指示，再通过测控站（船）或中继卫星上行链路传送至航天器，以保证航天器按照预先设计好的状态飞行和工作，并完成科学数据传输等预定任务。

图为东风测控中心

对于载人航天器，航天测控网除了完成对飞船的测量和控制任务，还包括对航天员的生理状态监视、话音通信和图像传输等任务。

以上可以看出，航天测控网的工作正常与否，将直接关系到整个飞行过程的成败，在整个载人航天工程中具有极其重要的地位和作用。

北京航天飞行控制中心

西安卫星测控中心

航天测控网的布局

为什么要部署很多地面站？

一个站立在广阔平原上的成年人只能看到地面7千米范围内的东西，这是由光线直线传播和地球表面弯曲限制造成的。同样道理，建在地面依靠直线传播无线电波而工作的测控站，对目标的通信范围也必定是有限的。在近地轨道运行的载人飞船，沿基本固定的轨道绕地球运行，运行一圈需要90多分钟时间，随着地球转动，航天器一天运行的16圈中，一个地面站总共仅有3～4次测控机会，由于这些因素，要想实时对飞船进行测控，就必须在全球布设多个测控站。

青岛卫星测控站

航天测控网的布局

以神舟五号载人飞船为例，我国成立了由北京航天指挥控制中心、东风发射指挥控制中心和西安卫星测控中心及14个测控站（舱）组成了航天测控网，通过它们链条式的构成体系来完飞船上升段、飞船人轨段和飞船返回段，即整个运行过程的测量、控制、通信任务。

东风发射指挥控制中心

飞船上升段 这一阶段是飞船能否正常人轨的关键段，又是故障高发段，要求不间断地对目标进行测控和监视，所以在火箭飞行地面轨迹附近布置多个测控站接力覆盖。设置了3个测控站：东风站、渭南站和青岛站，由这3个站完成上升段运载火箭和飞船的测控通信任务。

渭南测控站

飞船入轨段 在入轨段，飞船需按程序做许多动作，如捕获地球、建立正常运行姿态、太阳帆板展开及判断轨道是否正常等。青岛站可继续对入轨段跟踪测控，其后有远望五号、远望六号两艘测量船接力。这样，飞船入轨后5～6分钟内，基本可以判断飞船的入轨情况。

远望号测量船

飞船返回段 在返回段，飞船要进行调姿、分离和制动。测控通信系统在返回准备弧段布置了两个测控站：一个是好望角附近的远望三号测量船，另一个是纳米比亚陆上测控站。飞船返回时的调姿、分离等动作都在这两个站上空完成。 在飞船返回舱分离弧段布置了两个站：一个建在巴基斯坦的卡拉奇，另一个是新疆和田活动站，两个站相互衔接进行连续监测。最后就是着陆场的活动测量站，负责飞船再入大气层后的回收测量。

回收返回式卫星

发射场的使命

　　航天器发射场是指发射航天器的特定区域，是人类去太空旅途的起点，航天发射场一般由技术区、发射区、试验协作区、指挥控制中心、测控通信站和勤务保障系统等组成，而载人航天发射场则要增加航天员区。发射场通常建在人烟稀少、地势平坦、视野开阔、气候和气象条件适宜的地方，并且应考虑所发射方向的主动段航区上没有大城市、重要工程，以避免造成伤害。

　　航天发射场的使命就是成功完成航天器发射，准确获取各种飞行数据。

美国肯尼迪航天发射场

确保高质量发射

发射场要保质保量完成运载火箭、航天器发射前的各项装配、测试及加注等技术准备工作，提供供配电、供配气、运输、通信、气象等各种技术勤务保障，进行运载火箭推进剂加注，直到点火发射。

测得准

在火箭飞行的上升段，为了掌握运载火箭与航天器在飞行过程中的工作情况，必须对它们的各种飞行参数进行测量，因此，发射场测控站要接收运载火箭与航天器下传的数据，对运载火箭发射轨道参数进行测量。同时，发射场要在最短时间内对关键数据进行分析，查找航天器、运载火箭在飞行过程中存在问题，得出正常与不正常的初步结论，为下一步工作安排提供依据。

管控到位

航天器的发射是一个多系统集成的联合工作过程，要确保发射的成功，就需要对运载火箭、航天器在发射场的测试发射进行严密的组织、指挥，严格质量控制和决策，对航天员救生、运载火箭飞行安全实施准确可靠的控制。

土星五号火箭耸立在39A发射平台上

拜科努尔航天发射场

俄罗斯的拜科努尔航天发射场

拜科努尔发射场也称丘拉塔姆发射场，位于哈萨克斯坦境内，始建于1955年6月，发射场总面积6717平方千米，南北75千米，东西90千米，拥有13个发射台，可以发射载人航天器、大型运载火箭及多种导弹，是世界上最大的航天发射基地。

苏联解体后，拜科努尔归属哈萨克斯坦。哈俄两国于1994年签署协议，俄罗斯每年要向哈萨克斯坦支付1.15亿美元的租金，俄向哈租赁该发射场20年。现在拜科努尔发射场仍是俄发射载人飞船的唯一基地。

辉煌与灾难

拜科努尔发射场占据了许多世界第一。1957年10月4日，苏联在此发射了世界上第一颗人造地球卫星，震惊了全世界；1961年4月12日，尤里·加加林乘坐东方1号载人飞船，从这里出发进入太空，成为人类飞天第一人；1974年4月19日，苏联在此发射人类第一个空间站礼炮1号；1998年11月20日，国际空间站的第一个舱体曙光号功能舱也是从这里发射升空的。

拜科努尔航天中心创造过辉煌，也经历过灾难。1960年10月24日，苏联第一枚洲际弹道导弹发射时，由于出现点火故障，洲际导弹在发射台上爆炸，大火将发射阵地变成了喷火的地狱。火柱迅速从发射中心向四周蔓延，吞噬着所掠过之处的一切生命，致161人殉职，其中包括苏联战略火箭军司令米特罗凡·伊万诺维奇·涅杰林元帅，这也是世界上最惨烈的火箭爆炸事故。之后几年，该基地又在10月24日发生事故，有多名人员伤亡，从此以后的每年10月24日，该基地不会再进行任何发射。

火箭爆炸事故现场

美国肯尼迪航天中心

肯尼迪航天中心隶属于美国航空航天局，位于佛罗里达州东海岸的梅里特岛卡纳维拉尔角北区，总面积约567平方千米，是美国最大的载人航天发射基地。

1962年，美国航空航天局购置了与卡纳维拉尔角空军基地相邻的梅里特岛以及空军基地的北区。1962年7月将该区域称为"发射操作中心"。1963年为纪念前总统肯尼迪，将"发射操作中心"更名为"肯尼迪航天中心"，该名称一直沿用至今。中心建造工程始于1962年11月。1965年6月垂直总装测试厂房建造完毕；同年10月39A和39B两个发射工位建造完毕；其他基础设施则于1966年下半年建成。中心主要设施有垂直总装测试厂房（航天飞机装配检验站）、发射控制中心、39A和39B发射工位、活动发射平台及其履带式运输车、固定勤务塔、旋转勤务塔、推进剂库房和加注设施、监测设施、轨道器着陆设施与跑道、轨道器处理设施、固体火箭助推器处理设施等。工业区有各种地面试验设施、数据处理中心、航天员训练设施和各种辅助设施。

肯尼迪航天中心最核心的部分就是垂直总装测试厂房，它是一座具有抗飓风能力的巨形全钢结构建筑，主要用于轨道器的分级和整体装配与测试。整个建筑物高160米、长219米、宽158米，是全世界最高大的垂直总装测试厂房。其中高跨区厂房用来验收、装配和测试运载火箭，将火箭和航天器对接。低跨区厂房用来验收、组装和测试运载火箭的各子级和航天器，高跨区和低跨区厂房之间有专门的通道。肯尼迪航天中心是世界上第一个采用远距离自动化控制发射技术的发射场，其发射控制中心代表了世界航天自动化指挥的最高水平。

在执行发射任务时，利用设置在美国本土和世界各地的30多个测控站和通信网。此外还使用测量船、打捞回收船和飞机。肯尼迪航天中心发射过双子星座号和阿波罗号飞船，哥伦比亚号、挑战者号和发现者号航天飞机。

遇难事故

肯尼迪航天中心曾有过不少令人惊叹的成就，同时也经历过若干次震惊全球的航天事故，那就是1986年挑战者号航天飞机起飞后爆炸和2003年哥伦比亚号航天飞机返航途中解体，这两架航天飞机都是肯尼迪航天中心发射的，两次事故致14名航天员遇难，是世界载人航天史上的一个重大灾难。

挑战者号航天飞机爆炸　哥伦比亚号航天飞机解体

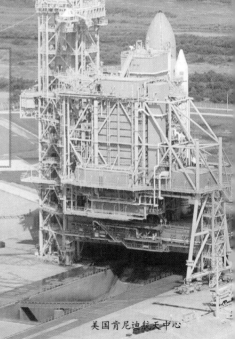
美国肯尼迪航天中心

中国酒泉卫星发射中心

中国酒泉卫星发射中心

酒泉卫星发射中心地处甘肃省酒泉市（在内蒙古高原上），它像一颗璀璨的明珠，镶嵌在古老的弱水河胸前，这就是神舟号飞船起航的地方。酒泉卫星发射中心组建于1958年10月20日，是我国组建最早、规模最大的综合型导弹、卫星发射基地，也是我国唯一的载人航天发射场，号称"中国航天第一港"，是世界三大载人航天发射场之一。

在载人航天飞行任务中，酒泉卫星发射中心主要承担发射场区的组织指挥，实施火箭的测试、加注、发射，逃逸塔测试，整流罩测试，人、船、箭的联合检查，船、箭、塔对接和整体转运，提供发射场区的气象、计量和技术勤务保障，并在紧急情况下组织实施待发段航天员撤离及逃逸救生。

中心由技术区、发射区、特种燃料储备区、指挥控制中心、跟踪测量站、通信网、气象网以及发电厂、专用铁路、公路、机场等组成，除了硬件设施外，还有五大功能系统：测试发射指挥监控系统、发射场区测控通信系统、航天员应急救生指挥保障系统、加注供气系统和技术勤务系统等组成。

中心的核心建筑物是垂直总装测试厂房，高约100米，厂房面积3万多平方米，是我国第一个，也是亚洲最大的垂直总装测试厂房。

这里成功发射了54颗卫星、10艘神舟飞船、1艘天宫空间实验室，相继已将10位航天员安全顺利送往太空。

中心自1958年创建以来，曾为中国航天事业的发展创造多个第一：1970年4月24日，中国的第一颗人造地球卫星在这里升起；1975年11月26日，第一颗返回式人造地球卫星在这里升空；1980年5月18日，第一枚远程弹道导弹在这里飞向太平洋预定领空；1981年9月20日，第一次用一枚火箭将三颗卫星送上太空；1999年11月20日，长征二号运载火箭托举着神舟一号试验飞船，从酒泉卫星发射中心飞向太空等。

对国内游客开放的景点有：卫星发射场、指挥控制中心、长征二号火箭、测试中心、酒泉卫星发射中心，场史展览馆、革命烈士陵园、酒泉卫星发射基地东风水库、额济纳沙漠胡杨林等。中心有二星级标准的东风宾馆可供游客下榻。

　　舱外航天服和太空机械臂是实现载人航天的两大关键性设备。

舱外航天服

　　太空的高真空、强辐射等环境对人体来说是一个的致命环境，人一旦暴露在太空中将面临失压、缺氧、低温和辐射损伤4大危险，所以，人要离开航天器进入太空，必须使用复杂的出舱活动系统硬件和软件来克服空间环境对生命的挑战，那就是舱外航天服。

航天员杨利伟试穿航天服

舱外与舱内航天服有何不同

　　舱内航天服是载人航天中必备的个人救生装备，当载人航天器发射和返回时如果飞船发生故障、失压时，舱内航天服能自动工作，维持服装内一定压力并提供氧气，保障航天员的生命安全。航天员在载人航天器内生活、工作时，防护功能主要由载人航天器座舱来承担，舱内航天服仅是一种备用防护手段。舱外航天服除了具有舱内航天服的全部功能外，与舱内航天服有以下不同。

舱外航天服

　　第一，由于航天员出舱面临着真空、辐射、高、低温度剧烈交替变化和微流星、空间碎片等的直接威胁的恶劣环境，因此舱外航天服具有防辐射、防紫外线、抗骤冷、骤热和一定的抗微流星、空间碎片冲击等功能，这是舱内航天服所不具备的。舱外航天服使用特殊的材料的制作，并具有良好的活动性关节结构和面窗视觉防护能力，以保证航天员在舱外正常操作活动。

　　第二，舱外航天服备有独立的背包式生命保障系统，航天员出舱后负责提供氧气，温度控制及二氧化碳排除等，而舱内航天服的生命保障系统是由飞船提供的。

　　第三，舱外航天服比舱内航天服技术复杂得多，除了具有气、液、电、通信的保障系统外，基本上航天员在舱外活动时的吃喝拉撒都管了，相当一个小型"飞船"。

舱外航天服的功能与构成

舱外航天服，也称之为出舱活动装置。其主要功能是当航天员进行太空出舱活动时，它将航天员的身体与太空恶劣环境隔离开来，并向航天员提供一个相当于地面的环境，提供氧气、正常气压、排放二氧化碳，维持舒适的温度和抵御辐射、微流尘等维持生命所必需的各种条件。

它由舱外航天服、舱外航天服生命保障系统、舱外航天服监测与通信系统等构成。

美国舱外航天服上的生命保障系统

舱外航天服本体由舱外压力服和真空屏蔽隔热服等组成。舱外压力服是舱外航天服的主要部件，由上躯干、头盔、上肢（衣袖）、下肢（裤腿）和压力手套等组成。其中上躯干又分为前后部分：前面称之为胸甲壳体；后面称之为背包壳体，就是那个大长方形背包。

舱外压力服是在航空全压服和舱内压力服的基础上发展起来的密闭服，能够承受气体余压环境，具有足够的视野和灵活的关节活动结构，借助于舱外航天服生命保障系统充气加压，呈拟人形态，人在其内全身处于同一均匀的气压和有氧环境，保障航天员免受真空和缺氧环境对人体的危害，保证航天员的生命安全。

真空屏蔽隔热服是舱外压力服的外套，通常包括真空屏蔽隔热躯干肢体服和航天靴外罩。它的主要功用就是保护舱外压力服和防止空间热辐射。同时，真空屏蔽隔热服与舱外压力服一起具有一定的微流星或空间碎片防护作用。

俄罗斯舱外航天服上的生命保障系统

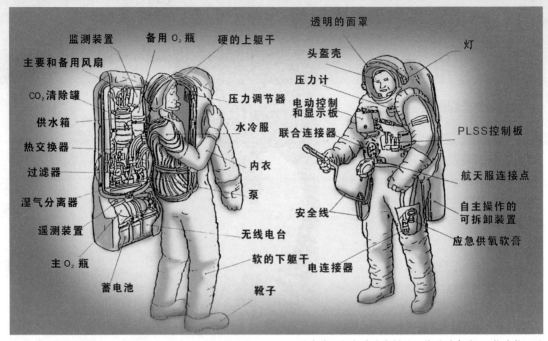

监测装置
主要和备用风扇
CO_2清除罐
供水箱
热交换器
过滤器
湿气分离器
遥测装置
主 O_2 瓶
蓄电池

备用 O_2 瓶
硬的上躯干

压力调节器
水冷服
内衣
泵
无线电台
软的下躯干
靴子

透明的面罩
头盔壳
压力计
电动控制和显示板
联合连接器
安全线
电连接器

灯
PLSS控制板
航天服连接点
自主操作的可拆卸装置
应急供氧软膏

图为俄罗斯和平号空间站上使用的奥兰DMA舱外航天服

舱外航天服的类型

舱外航天服根据应用对象和使用要求的不同可分为不同的类型。

根据应用对象不同，舱外航天服可分为在轨出舱活动用舱外航天服、登月用舱外航天服和火星探险用舱外航天服三种。

按舱外航天服的工作压力来分，分为高压舱外航天服和低压舱外航天服。目前，美国、俄罗斯两国使用的舱外航天服均为低压力制式，即低压舱外航天服。这种舱外航天服的压力被控制在 25～40千帕的范围内，采用纯氧气体，航天员为了减少减压病的发生危险率，每次在出舱前都要进行吸氧排氮。我国的"飞天"服也是低压舱外航天服。高压舱外航天服是指航天服的压力维持在57.2千帕以上的舱外航天服，这种舱外航天服的好处就是 在出舱前可以不用进行吸氧排氮，但由于压力太高，危险性也比较大，现在还都没有采用。

按舱外压力服的结构来划分，则可分为软式、硬式和软硬结合式三种。如我国的"飞天"舱外航天服、俄罗斯的"海鹰"舱外航天服和美国的舱外航天服均属于软硬结合式。

探秘功能神奇的中国"飞天"舱外航天服

"飞天"舱外航天服，是我国自行研制的具有国际先进水平的舱外航天服，重量120千克，可支持4小时的舱外活动，造价3000万元人民币，其功能相当一艘小型的飞船。2008年中国航天员翟志刚穿"飞天"舱外航天服，成功进行了第一次太空行走，这也是"飞天"舱外航天服在茫茫太空的首次亮相。

"飞天"舱外航天服由服装、头盔、手套、靴子和背上一只1.3米高大背包构成。

服装

从内到外，"飞天"服一共分为6层：

第一层是用纯棉布或棉麻布特制而成的贴身内衣，它最大的特点是绝对不起静电。因为航天员呼吸的是纯氧，一有火花就会就会着火，所以火花是绝对不允许有的。

第二层是液冷服。这件由细胶管、尼龙和弹性纤维编织的网状长内衣，是起散热作用的。这些如意大利空心面条般粗细的网状管子拉直的话有100米长，通过管内流动的冷液体循环一圈后，把人体散出的多余热量带走，送到航天服背包中。航天服密不透气，而舱外活动时，人体散热量达到四五百瓦。如果热量带不走，就相当于航天员始终烤在10余只50瓦的灯泡下，体温平衡就会被打破。我国科学家运用了一个很巧妙的装置——水升华器，根据低压状态下水、冰、气同时共存的自然现象做成一个换热器，它让水结冰，然后冰在太空中直接升华，通过液冷服把航天员身上散发的80%的热量带走，排到太空，使服装内的温度始终保持在20℃左右。

第三、第四层分别是气密层和限制层，包括躯干、背包和上下肢。它既要充气加压，不能漏气，又不能让服装过于膨胀，同时还要让各关节活动自如。

第五层是真空屏蔽隔热层。它由57层涂铝的聚酯薄膜构成，其间用网络物隔开，贴在一起形成应对真空温差、辐射等恶劣环境的强大屏蔽。

第六层是外防护层，是一种特殊的纺织面料，目前是国内最昂贵的布料，可以在温度±100℃时保持完好无损，耐磨损、反射性强，太阳光照射上去后基本都反射回去了，吸收很少。

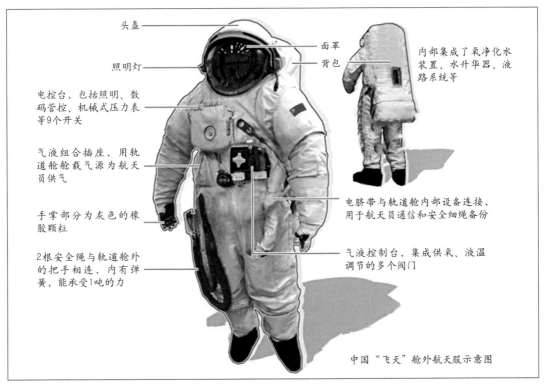

中国"飞天"舱外航天服示意图

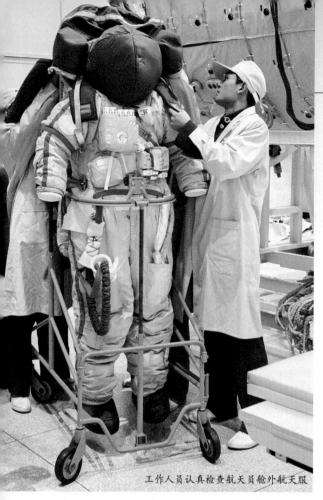
工作人员认真检查航天员舱外航天服

"飞天"舱外航天服的面料采用高级混合纤维制造而成，具有高强度、耐高温、抗撞击、防辐射等特性。身高1.60～1.80米的人，都能穿上"飞天服"，因为无论是"飞天服"的内衣、液冷服还是手套，全部分成几个型号，尺寸可以调节，确保中国14名航天员全都能穿。

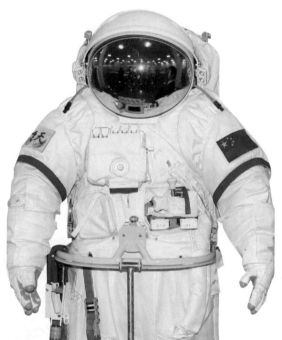
中国飞天舱外航天服

头盔

航天头盔用于保护人体头部，与服装一样具有防低压、高低温、太阳辐射、微陨石等功能，能满足供氧、通风散热、进食进水的要求，它由盔壳、通风衬垫、面窗及面窗的启闭机构等组成，为保证与外界通话联络，头盔上有耳机、送话器，头盔通过颈圈与服装连接。为了防护强日射和紫外线对眼睛的损伤。面窗有护目遮阳装置，透明部分有3层，里面的两层压力面窗是缝在金属盔上的，它们之间还要充进一些氮气，这样会起到隔热和防止结雾的作用，最外边是防护面窗，防止外物触碰压力面窗。由于舱外航天服要为航天员创造出一个与地球环境相似的小环境，这要求航天服必须完全密闭，因此设计上把头盔和航天服连在了一起。头盔既要密闭、不漏气，又要空气流通、视野宽广清晰。然而，在太空的极端环境下，保持视野清晰并非易事。出舱活动有时会遇上－150℃的低温，面窗内的温度也会下降，而航天员口鼻中散出的热气就会在面窗上结雾，妨碍航天员的视界，更危险的是，湿气多了之后会凝结成小水滴，失重状态下，小水滴会随便飞，万一钻入鼻腔，进入气管，人就会被呛住，因此头盔面窗必须能够防雾去湿。

身着航天服的航天员活动关节

手套

手套在我们生活中是很普通的一件东西，然而对于舱外活动它却是一个关键部件。首先手套应同舱外航天服一样具有防护空间环境的能力，另外手套在加压状态下还不能影响手指和手掌的活动。

早期舱外活动中使用的手套非常笨拙，只起保护作用，所以在操作时不灵活，只能控制操纵杆、刹车装置或开关。随着舱外活动的增多，舱外活动多种多样，对手套的要求也越来越高，要求手套能随着手指、拇指和手掌的弯曲而弯曲，还要使航天员通过戴手套能感知正在触摸的东西，手的汗腺分布密度大，又是经常性发汗的重要部位，所以手套必须有良好的通风结构，给手套的设计、制造带来了很大的挑战。这在国际上来说也是一个高难度的研制课题，而我们的科研人员经过无数次试验，最终还是制造出了国际一流的手套。

航天靴

航天靴有两种，一种是与服装构成整体不能单独脱下的，另一种是通过断接器可以单独穿、脱的气密靴。"飞天"航天靴与服装构成整体，航天靴除具有航天服的防护功能以外，也能防机械性损伤。

背包式生保系统

背包式生保系统与舱外航天服一起构成密闭循环系统，其功能是向舱外航天服内提供新鲜氧气，净化人体排出的二氧化碳、水气和其他代谢产物，在航天员在出舱活动时维持服装内压力，在航天员进行舱外活动时，为航天员提供一个生存和工作的微小环境。

航天员试穿航天服

太空机械臂

太空机械臂的产生与作用

太空机械臂本身是一个智能机器人，具有精确操作能力和视觉识别能力，既有自主分析能力也可由航天员进行遥控，是集机械、视觉、动力学、电子和控制等学科为一体的高端航天装备，具有广泛的用途。

太空机械臂是随着空间站的建设发展而发展起来的，早期的空间站是单舱段模式，只要一次对接就完成了，也不具备再补给能力，并不需要太空机械臂。随着空间站建设的发展和规模的扩大，太空机械臂便应运而生。1981年美国航天飞机携带了一套由加拿大斯巴宇航公司研制的六自由度机械臂系统，称为加拿大机械臂-1，其长度15.2米，直径0.35米，自重410千克，具备部署、释放或抓取332.5千克载荷的能力。20世纪90年代中期加拿大机械臂系统升级负荷质量以支持空间站建设工作，航天飞机曾在50多次发射任务中使用加拿大机械臂。

航天员站在机械臂上维修哈勃望远镜

加拿大机械臂-2

加拿大机械臂-2称为大臂，总长17.6米，总重1800千克，在太空能抓起超过116吨的重物，并且可以帮助飞船停靠国际空间站。人的手臂有6个关节，大臂的手臂和手有14个关节，长而灵活，人的关节只能弯曲不能旋转，大臂却有能旋转的特殊功能。加拿大机械臂-2在太空除了能干粗活、累活外，还能干细活，它能用像蠕虫一样的动作，点对点的移动至空间站的许多部位，而且动作十分精确，能自动到目标毫米级的距离上。现正应用于国际空间站。

HTV-3货运飞船被加拿大机械臂抓取

国际空间站

第六章 飘浮在天上的大厦
——空间站

第一节 说说空间站

空间站的由来

空间站，又称太空站，是绕地球长时间运行的大型载人航天器，它宛如一座大厦飘浮在天上，在浩瀚的太空日夜陪伴着地球。

空间站是在人造卫星技术基础上发展起来的，20世纪50年代末发展起来的人造卫星和返回式卫星是最早的航天器，在返回式卫星的基础上，发展了无人飞船，在解决了人在太空的生命安全以后，发展了载入飞船，无人飞船与载人飞船的最大区别是，在载人飞船里建立了生命保障系统。载人飞船虽然把人送上了太空并返回，但人类并不满足于在太空作短暂的旅行，为了开发太空，需要建立长期生活和工作的基地。有了载人飞船、运货飞船等往返天地间的运输工具，又解决了航天员出舱活动和航天器太空交会对接等技术问题，从而发展了空间站，它是人类探索太空，开发利用空间资源的重要平台。

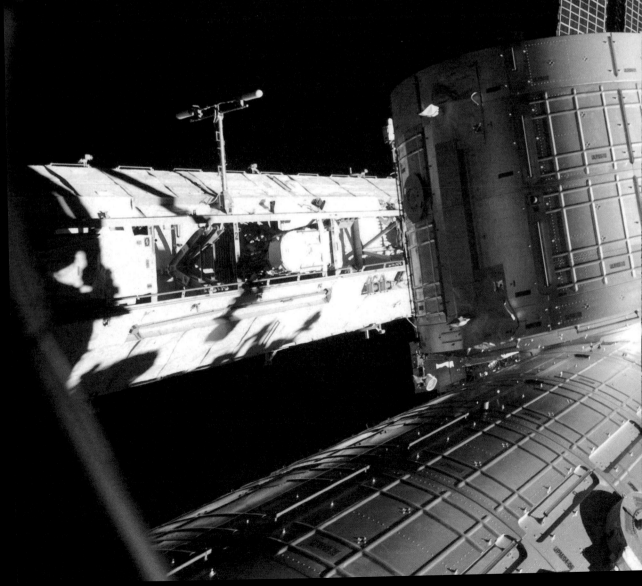

　　空间站与卫星、飞船一样，都是靠运载火箭发射进入太空，然后绕地球飞行。与飞船比较，空间站有两个突出的特点。

　　空间站规模大，结构复杂，是目前世界上最大的载人航天器，是人类在天外精心开辟和营建的家园。

　　空间站寿命长，一般10年左右，可供多名航天员长期在太空工作和生活，是人类认识太空，开发太空资源的重要平台。

空间站的类型

搭积木，要有各种各样的模块，组建空间站也需要模块，不过这里的模块是个头很大的不同功能的舱体或称舱段。空间站按构型有单舱段空间站、多舱段组合空间站和桁架挂舱式空间站3种类型。

单舱段空间站

运载火箭一次发射入轨，使无人或载人飞船与已在轨运行的基础航天器对接组成的空间站，称为单舱段空间站。在建站初期的试验型的空间站，都是单舱段空间站。如苏联的礼炮号空间站，美国的空间实验室。

多舱段组合空间站

多舱段组合空间站的各舱段呈积木式组合。由运载火箭将各舱段，逐个发射入轨，然后像搭积木式的在轨组装而成的空间站。如前苏联的"和平"号空间站就是一个典型的多舱段组合空间站，它由1个核心舱及5个有效载荷舱共6个舱段积木式组成，质子号运载火箭每次只能发射1个舱段入轨与之对接。

桁架挂舱式空间站

它有长达数十米，或上百米的桁架为骨架或称龙骨，各个舱段挂接在桁架上组成的空间站，如国际空间站。组建这种空间站时，首先用运载火箭分批将桁架构件，各种功能的舱段运到空间轨道上，然后在太空组装。

第二节 世界上早期9座空间站

苏联7座礼炮号空间站

苏联是首先发射载人空间站的国家，从20世纪70年代初到80年代中期，共发射了7座礼炮号空间站，它们均采用单舱段式结构，这种设计使礼炮号空间站外形简单，容易实现，所有硬件少，造价较低，可以用质子号运载火箭一次发射入轨，对接而成，因而风险和难度都比较小。但它的缺点也十分明显，规模小，不能扩展。

礼炮1号

空间站由轨道舱、服务舱和对接舱组成，全长12.5米，最大直径4米，全重18.5吨。礼炮1号的试验并不顺利，与联盟10号飞船对接失败，航天员没能进入空间站。联盟11号飞船成功对接并进入空间站，有3名航天员进站工作生活了24天，完成了大量的科学实验项目，可惜联盟11号的3名航天员在返回地球过程中，由于座舱漏气减压，不幸全部遇难。直到1980年联盟飞船和航天服进行了改进后，苏联才恢复一次3人的空间站飞行。

苏联礼炮1号空间站

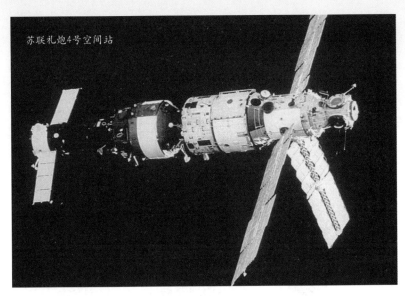

苏联礼炮4号空间站

载人飞船对接，另一个用于货运飞船对接，礼炮6号在轨飞行了1764天，与17艘联盟载人飞船和12艘进步货运飞船进行了对接，此外礼炮6号空间站飞行期间还进行了3次出舱操作。

礼炮7号

礼炮七号空间站轨道飞行时间3216天，进行了13次太空行走，萨维茨卡娅成为人类第一位进行太空行走的女航天员。航天员在两座站上，分别创造过210天和237天的生活纪录。

苏联通过礼炮系列空间站的实际运行，积累了航天器长时间在轨操作、航天员驻留等经验，同时进行了大量的空间观测、地球遥感和生物医学实验，还进行了空间冶炼等科学试验，取得了一系列成果。

礼炮2号

1973年4月4日发射的礼炮2号空间站入轨后不久空间站减压，姿态控制系统也出现故障，随后不久解体再入，轨道飞行时间仅有54天。

礼炮3号、4号和5号

1974年6月25日发射的礼炮3号空间站在轨运行了213天，其中联盟14号飞船成功对接并飞行15天；礼炮4号空间站运行了770天，其中两批航天员共生活了92天；礼炮5号空间站运行了412天，其中两批航天员共生活了67天。

礼炮6号

这两座空间站相对大一些，进一步提高了安全性和可靠性，空间站还具有两个对接口，一个用于联盟系列

在太空运行的礼炮7号空间站

美国天空实验室

美国天空实验室于1973年5月14日美国在肯尼迪宇宙中心发射入轨。在发射过程中，损坏了一个关键的流星体遮护板，两个主太阳能电池板中的一个断开了，另外一个太阳能电池板又没有完全展开。这意味着天空实验室只有很少的电力供应，而且内部温度升高到52°C。10天后第一批航天员进入太空来修复这个出现故障的天空实验室。航天员展开太阳能电池板并安装了一个伞状遮阳器为空间站降温。修复后，这一批航天员和后来的两批航天员在空间站中共度过了112天，期间开展了科学和生物医学研究。1979年，美国天空实验室重返地球大气层，在澳大利亚上空烧毁。

天空实验室

和平号空间站

苏联/俄罗斯和平号空间站

和平号空间站——苏联于1986年开始组建的，至1996年完成，历时15年。和平号空间站是世界上第一个采用多舱段积木式构型的长久性空间站，被称为苏联/俄罗斯的一颗耀眼的明珠。

和平号长30多米，宽20米，高27米，重123吨，总容积470立方米。由核心舱，量子-1号、量子-2号、晶体号、光谱号、自然号等6个实验舱段组成。航天员及物质分别由联盟号载人飞船和进步号货运飞船运送。

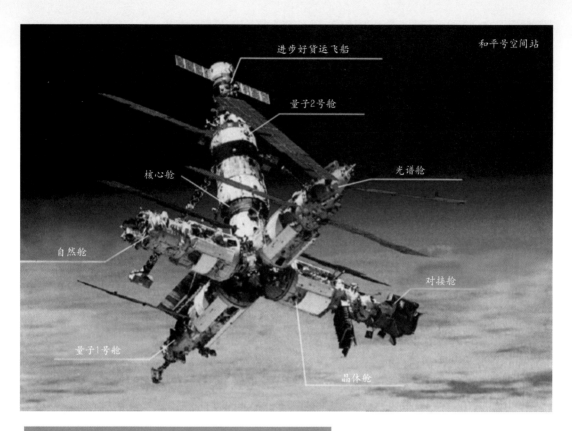

进步好货运飞船

量子2号舱

和平号空间站

核心舱

光谱舱

自然舱

对接舱

量子1号舱

晶体舱

和平号空间站创造了多个世界之最

太空工作时间最长。和平号空间站原设计寿命10年，由于航天员长期在空间站工作，可以对站上的设备及时进行维修，和平号空间站一直运行了15年。是在太空工作时间最长、超期服役时间最长，环绕地球飞行了近8万圈，期间，有12个国家的134名航天员在站上工作和生活过，共有31艘载人飞船和62艘货运飞船和9次架航天飞机与其对接。

和平号空间站首次试验人造月亮。

和平号空间站在15年的飞行中，进行了生命科学、材料加工、观测等20多个科研计划和近2.2万次科学实验，获得了极其重要的科研成果，丰富了人类对自然界的认识，拓展了人类的科学视野和认知空间。

和平号空间站在试验人造月亮、空间商业化等方面进行了许多有益的探索，获得了大量数据及具有重大实用价值的成果，为开发利用太空积累了丰富的经验。

俄罗斯宇航员波利亚科夫创造了单人连续在太空飞行438天的最高纪录，累计生活748天的记录。为人长期在太空生活积累了丰富的经验。

在太空医学领域，研究了在太空使用的药物处方，航天员飞行后的体力恢复方法。

在生物学领域，研究了蛋白质、晶体生长，高效蛋白质精制、特殊细胞分离和特殊药品制备等。

在和平号空间站上停留了365天苏联宇航员季托夫、马纳罗夫和列夫钦科

在材料和空间加工领域，进行了600多种新材料实验，制造了半导体、玻璃、特种合金等35种材料。

在对地观测方面，发现了10个地点可能有稀有金属矿藏，117个地点可能存在石油。

险象环生

和平号空间站15年来，取得辉煌成就的同时也出过不少事故，也经历了太多的风险。它曾遭受失火、密封舱泄漏、管路破裂、计算机失灵、无线电通信中断与货运飞船碰撞等，事故达1500次之多，其中近100处故障一直未能排除。中期以后，和平号一直在与自己的工作寿命相抗争，空间站的中央计算机、蓄电池等电子设备严重老化；空间站外表伤痕累累；太阳能电池供电已不正常；空间站内部化学腐蚀严重等。

伤心太平洋

2000年6月16日，和平号空间站送走了最后两名航天员,从此结束了它的载人航天历史。2001年1月27日，进步号货运飞船与和平号对接，为空间站送去制动坠入大气层的推进剂，2001年3月23日和平号空间站坠入大气层烧毁，未烧毁的部件散落于南太平洋。

和平号空间站坠入大气层烧毁

第三节　国际空间站

为什么叫国际空间站

　　国际空间站这个名称，并不是因为多国参加而得名，而是不同命名之间妥协的产物。

　　美国最初提议的名字是阿尔法空间站，阿尔法是希腊第一个字母的译音，人们常用它表示第一个的意思，遭到俄罗斯的反对，俄方认为这样的命名暗示国际空间站是人类历史上第一个空间站，可是事实上苏联以及后来的俄罗斯先后成功地运行过8个空间站，俄罗斯提议将空间站命名为亚特兰大，但是这个议案又遭到美国的反对，美方认为亚特兰大的读音和拼写太接近传说中沉没的大陆亚特兰蒂斯，其中似乎隐含了不祥的征兆，是个晦气很重的命名，而且亚特兰大这个名字也容易与美国的一架航天飞机——亚特兰蒂斯号航天飞机相混淆，最后命名只好采用妥协的方式，叫国际空间站。

国际空间站概况

空间站的规模

国际空间站以美国、俄罗斯为首，欧空局的11个成员国：比利时、丹麦、法国、德国、英国、意大利、荷兰、西班牙、瑞典、瑞士、爱尔兰，还有加拿大、日本、巴西共16个国家参与建造。

国际空间站规模庞大、系统复杂、技术先进，是有史以来规模最大、耗时最长，投资最多的空间站建设项目。总质量约423吨、长108米、宽（含翼展）88米，平均运行轨道高度为350千米，轨道倾斜角51.6°。绕地球一圈用90分钟，载人舱内大气压与地表面相同，最多可载6人，站内部空间700多立方米，可居住空间大约为358立方米，相当于一幢拥有5个普通卧室的大房子。

自1998年开始建站，原计划2006年建成，由于美国哥伦比亚号航天飞机失事等原因，建站计划一拖再拖，于2010年建成。设计寿命为10年，原计划在2020年后结束使命。

国际空间站

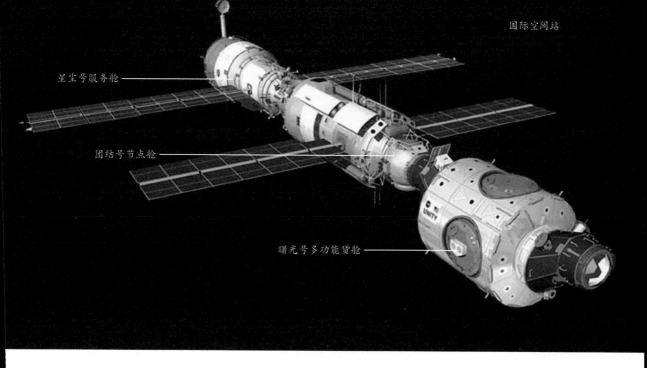

星尘号服务舱

团结号节点舱

曙光号多功能货舱

驻站人员

从2000年开始，国际空间站有了常住人口，国际空间站长期考察组每组3人，定期轮换。此外空间站还接待过许多国家的短期访客，迄今，已有来自亚、欧、美等洲15个国家的167人造访过国际空间站。

主要组成

国际空间站由俄罗斯、美国、欧盟和日本发射的13个舱等组成，其中主要有：

曙光号工作舱

曙光号工作舱是国际空间站的第一个组件，由俄罗斯和美国共同研制而成。内部容积约72立方米（可用面积为40平方米）。曙光号是国际空间站的基础，能提供电源、推进、导航、通信、姿控、温控等多种功能，装有可接4个航天器的对接口。

国际空间站的第一个国际长期考察组成员

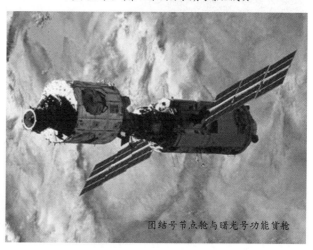

团结号节点舱与曙光号功能货舱

175

团结号节点舱

团结号节点舱是美国为国际空间站建造的第一个组件，团结号节点舱直径5米、长6米，设有6个舱门，它的作用是充当对接口，连接未来站的其他舱。

星辰号服务舱

由俄罗斯建造，是国际空间站的核心舱。星辰号长13米，宽30米，重19吨，服务舱由过度舱、生活舱和工作舱等3个密封舱和上一个用来放置燃料桶、发动机和通信天线的非密封舱组成。生活舱中设有供航天员洗澡和睡眠的单独"房间"，舱内有带冰箱的厨房、餐桌、供航天员锻炼身体的运动器械。舱体上设计的14个舷窗，可供航天员眺望浩瀚的星空。星辰号配有定位和电视联系系统，可保障服务舱与俄罗斯科罗廖夫地面飞行控制中心和美国休斯敦地面飞行控制中心的直接联系。星辰号共有4个对接口，可用于接待载人飞船或货运飞船。

命运号实验舱

命运号实验舱是国际空间站中最昂贵的舱段。它由美国波音公司制造，形似圆筒，长9.3米、直径4.3米，它是进行科学研究的基地，也是国际空间站的指挥和控制中心，是国际空间站6个实验室中最重要的实验舱之一。

莱奥纳尔多号多功能后勤舱

莱奥纳尔多号多功能后勤舱由意大利研制，它是一个由金属铝制成，长约6.4米、直径约4.6米的圆筒，分为16个货箱，能携带9.1吨货物。后勤舱可重复使用，其功能是为国际空间站运送必需的物资，再将空间站上的废弃物带回地面。

气闸舱

气闸舱，又称空气阻隔舱，是国际空间站与太空间的通道，是航天器有压空间与太空真空环境间的缓冲地带，共有两个舱室，一个供宇航员执行太空行走任务之前更换宇航服，另一个为宇航员减压和漂浮到太空的接口。舱内有4个气罐，用于给气闸舱加压。

加拿大的机器臂

加拿大研制的机器臂长17米，被称为移动服务系统，主要担负组装及维护职责，而且还可以提升重达100吨的巨型货物。

加拿大机器臂抓取曙光号功能舱

航天飞机与空间站对接

地、站间的交通运输

从地球到国际空间站之间的交通运输，在美国航天飞机退役后，主要由俄罗斯联盟号载人飞船和进步号货运飞船承担，欧洲研制的自动货运飞船也曾送货一次到空间站，2012年10月7日，美国"龙"无人飞船首次向国际空间站运送重达455千克的货物，这是世界上第一艘由私人公司研发的航天飞船。2013年8月日本称为鹳无人货运飞船，抵达距离地球约400千米的国际空间站，国际空间站的机械臂抓取了鹳并实现了对接，为空间站运去了货物。

日本无人货运飞船——"鹳"

国际空间站的科学试验

国际空间站的科学试验由于受政策、发射事故、空间站载人能力以及推广商业开发多方面影响，经历了诸多的变迁，现已成为世界最大的空间科学实验平台。

国际空间站是以远征任务组来规划科学研究实验项目并进行实验研究的。自2000年2月到2010年3月，已完成了26次远征任务，每次远征任务组的科学研究周期，从一个月到半年不等。建站10年以来，国际空间站共开展了科学实验455项，涉及7个研究领域，它们是：生物学与生物技术、人体研究、技术开发、物理与材料科学、教育、地球与空间科学及空间站运行研究等。每个研究领域中还包括若干子领域。例如生物学与生物技术包括细胞生物学与生物技术、微生物学、高分子晶体生长等，地球与空间科学包括地球遥感、空间环境、太阳物理等，教育包括国际空间站实验教育活动、学生开发的实验等，人体研究包括辐射研究、骨骼与肌肉生理学、乘组成员的医疗保健系统等。这些科研活动的进展有助于人类探索宇宙，开发太空资源，拓展生存空间。

航天员使用国际空间站上微重力试验装置

在太空生长的沸石晶体（右）更大、更完美

在天空站进行沸石晶体生长试验

知识链接

空间站能掉下来吗？

空间站绕地球飞行，是属于近地轨道飞行，如果不进行定期推进，最终会坠入大气层的。例如，国际空间站在362～475千米高度的轨道绕地球飞行，在此高度上，虽然地球大气非常薄，但长时间的绕地飞行，也足以拖曳国际空间站并使其慢下来，随着国际空间站速度减慢，它的高度会越来越低。除此之外，太阳耀斑也会使空间站慢下来并使其高度下降，所以国际空间站需要定期推进，以保持适当的高度。大部分重新推进工作是由俄罗斯进步号货运飞船执行，每次重新推进需要两次点燃火箭发动机，在火箭发动机工作期间，国际空间站上的工作会暂停，发动机停止后恢复正常工作、生活。

第四节　未来的中国空间站

中国载人航天工程第三步的空间站建设，初期将建造三个舱段，包括一个核心舱和两个实验舱，每个舱重量为20多吨，基本构型为T字形。空间站运营期间，最多的时候，将有一艘货运飞船、两艘载人飞船对接在空间站上。

专家介绍，现在计划的规模是适度的，可以满足重大科学研究项目的需要，而扩展能力的设计，将为满足科学前沿的发展需求，提供更为强大的支持能力。

2020年空间站建好后一将随即投入正常运营，开展科学研究和试验，促进我国空间科学研究进入世界先进行列，为人类文明发展进步做出贡献。我国的空间站也将为全球科学家提供科学研究和试验机会。

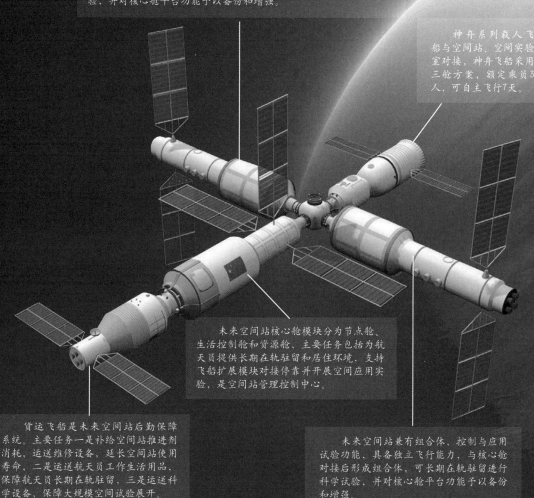

未来空间站兼有组合体、控制与应用试验功能、具备独立飞行能力，与核心舱对接后形成组合体，可长期在轨驻留进行科学试验，并对核心舱平台功能予以备份和增强。

神舟系列载人飞船与空间站、空间实验室对接，神舟飞船采用三舱方案，额定乘员3人，可自主飞行7天。

未来空间站核心舱模块分为节点舱、生活控制舱和资源舱，主要任务包括为航天员提供长期在轨驻留和居住环境，支持飞船扩展模块对接停靠并开展空间应用实验，是空间站管理控制中心。

货运飞船是未来空间站后勤保障系统。主要任务一是补给空间站推进剂消耗，运送维修设备，延长空间站使用寿命，二是运送航天员工作生活用品，保障航天员长期在轨驻留，三是运送科学设备，保障大规模空间试验展开。

未来空间站兼有组合体、控制与应用试验功能、具备独立飞行能力，与核心舱对接后形成组合体，可长期在轨驻留进行科学试验，并对核心舱平台功能予以备份和增强。

第七章 空天飞机

第一节 综述

什么是空天飞机

　　空天飞机是航空航天飞机的简称，又称太空飞机，是一种融合了航空器和航天器优势的飞行器，它既能在大气层内飞，又能在大气层外飞。其基本特征是，能像飞机一样水平起飞，并直接加速进入地球轨道，成为航天飞行器，返回大气层后，像飞机一样在机场着陆，可以完全重复使用。空天飞机是一种未来型的飞机。随着载人航天技术的发展，空天一体化是航空航天技术未来发展的必然趋势，并对航空航天器技术的发展产生重大影响。

钱学森的科学预见

　　我国杰出科学家钱学森，早在20世纪60年代初就预见到了航空与航天技术结合的重要性。他在1963年出版的《星际航行概论》一书中指出，"星际航行发展的现阶段虽然与航空技术有很大的区别，设计概念上不一样，用的动力也不一样，但是将来星际航行技术更进一步的发展会在运载工具方面引用许多航空技术的成果，航空技术将被吸收到星际航行技术中来，星际航行技术将综合近代科学技术的各个方面，形成20世纪下半叶科学技术的一个高峰。"并具体指出，用飞机作为运载工具时，对于大于四倍声速的冲压式发动机将给冲压式发动机的设计师和研究人员提出了新的课题：因为现在所惯用的设计概念，由于结构材料的限制，不能设计出飞行速度在4倍声速以上的冲压式发动机；新课题是研究和设计超高速的冲压式发动机，飞行速度为6倍、8倍声速的冲压式发动机。这将牵涉到设计概念的改变和引用新型高能燃料。

英国"云霄塔"空天飞机

德国"桑格尔"空天飞机

俄罗斯MAKS空天飞机

空天飞机的优势

空天飞机是以航空发动机为起飞动力，是充分利用大气层中的氧，以减少飞行器携带的氧化剂，从而减轻起飞重量。

空天飞机整个飞行器可全部重复使用，除消耗燃料外不抛弃任何部件。

能最大限度利用现有的机场及附属设施，不需要规模庞大、设备复杂的航天发射场，简化了发射和返回所需的场地设施，减少维修费用。

空天飞机不受发射窗口的限制，能适应频繁发射的需要，使人类可以方便地进入太空。

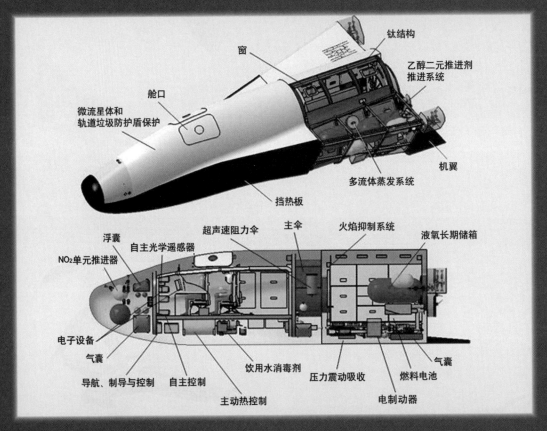

第二节　空天飞机应用路漫漫

研发工作遭遇重重困境

早在1982年，美国科研人员就开始了空天飞机的预先研究,对以氢燃料超燃冲压发动机技术为主的关键技术展开攻关。

1986年，美国提出研制称为"东方快车"的空天飞机计划，该计划的最终目标是制造出一种最大速度达到25马赫的空天飞机，罗克韦尔公司研制的X-30是该计划的技术验证飞行器，它由一个双人乘组驾驶，长48.8米，翼展达22.6米，起飞质量136吨，采用了"机体一动力、一体化"设计。

当时的研究表明，当X-30加速到8马赫时，气动加热将使机身大部分表面的温度达到980℃，飞机前缘和动力舱的最高温度超过1650℃。根据设计，X-30不但在机体各部位广泛使用耐高温、重量轻的材料，还要引入主动防热系统概念，即将燃烧剂储箱的液氢引入空天飞机壳体下方，用液氢吸收机体表面的热量，通过循环管路再将加热后的液氢送入发动机，这是一项高难技术。由于超燃冲压发动机技术和主动防热技术迟迟无法突破，美国空天飞机计划于1994年11月被迫下马。

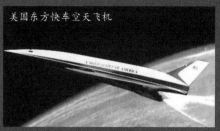
美国东方快车空天飞机

英国霍托尔空天飞机

1996年，美国宇航局与洛克希德·马丁公司签订了X-33航天运载器的研制合同。按照计划，X-33将采用垂直发射、水平降落的飞行方式，气动构型为带有外倾式垂尾的升力体。最终，由于研制进度滞后和研制经费超支，2001年美国宇航局终止了该计划，但该计划在新型火箭发动机、防热系统及飞行实时诊断软件系统等方面还是取得了一些进展。

德国桑格尔空天飞机

经过挫折以后，又将重点放在验证超燃冲压发动机关键技术上，即X-43A飞行器的研制。X-43A飞行器采用火箭发射，是一次性使用的，其楔形飞行器的前机身，同时也是超燃冲压发动机的进气道，对高速气流进行压缩和减速。共制造了3架X-43A飞行器，第一架在2001年6月2日试飞时因运载火箭方面的原因而失败。2004年3月27日，第二架X-43A实验机在脱离飞马座火箭后，在约2.9万米的高空中以自身的动力飞行了11秒，到达约7马赫（约每小时7700千米）

美国X-43A空天飞机想象图

的高速，然后再无动力滑翔直至落入太平洋。使超燃冲压发动机和"机身—动力"一体化技术，得到了充分的验证。

20世纪80年代，英国提出"霍托尔"空天飞机研制计划，"霍托尔"采用单级入轨，外形和普通飞机基本一样，可完全重复使用。其特点是采用4台吸气式喷气发动机和液氢、液氧火箭发动机的组合动力装置。起飞时吸气式喷气发动机首先启动，速度达到5倍音速、高度为26千米时停止工作；然后火箭发动机启动，直到进入200千米高的轨道。发动机是"霍托尔"的最关键的技术，原定设计的吸气式氢氧发动机是高度先进的单一机体式发动机，兼有喷气发动机和火箭发动机的功能和优点，有两种工作状态：空气喷气发动机工作状态和液氢液氧发动机工作状态。但经过几年的研究，最终因技术和财政问题被迫下马。

技术瓶颈

发展空天飞机的目的，归纳起来主要有三条：一是充分利用大气层中的氧，以减少飞行器携带的氧化剂，从而减轻起飞重量；二是整个飞行器全部重复使用，除消耗燃料外不抛弃任何部件；三是水平起飞，水平降落，简化起飞和降落所需的场地设施和操作程序，减少维修费用。但是，经过几年的研究科学家们发现，过去的估计过于乐观，实际上要达到上述目的需要很长时间。

创新型动力装置

航天器脱离地球引力，进入环绕地球轨道，其速度要由0达到25倍的音速，目前所有单一的喷气发动机都远远达不到这个要求。空天飞机的奥妙之处在于它的动力装置既不同于飞机发动机，也不同于火箭发动机，这是一种混合配置的动力装置。它由吸气式的航空发动机和火箭发动机两大部分组成，吸气式发动机用于大气层内的推进，火箭发动机用于大气层外的推进，但将这两种发动机串联在一起的技术难度非常大，发动机研制成功与否，将决定空天飞机的命运。

高超音速空气动力学分析

空气动力学分析，就是从研究空气和物体的相互作用产生的气动力，来看空天飞机外形结构布局是否合理，从而得知飞机设计是否正确，哪里还有待改进和如何进一步提高飞机的性能等。

解决空气动力学问题的基本手段是风洞。现在世界上还没有马赫数可以跨越这样大范围的试验风洞，即使有了风洞，要作上百万小时的试验，那意味着需要花费相当长的时间。于是，只能求助于计算机，用计算方法来解决，但还存在许多理论上的问题。

长寿命、耐高温防热材料

空天飞机需要多次出入大气层，每次都会由于与空气的剧烈摩擦而产生大量气动加热，特别是以高超音速返回再入大气层时，气动加热会使其表面达到极高的温度，其头锥温度最高可达2760℃，机翼前缘达1930℃，因此，空天飞机对防热的材料与结构要求极高，以往航天飞机用的防热瓦防热已不适用，需要研制一种重量轻、长寿命、耐高温、抗腐蚀、高强度的防热材料，此外，空天飞机在起飞上升阶段要经受发动机的冲击力、振动等的作用，在这种情况下，防热系统既要保持良好的气动外形，又要能长期重复使用，维护方便，所以其技术难度也是相当大的。

机身与发动机的"一体化"设计与制造

当空天飞机以5倍以上音速在大气层中飞行时，空气阻力将急剧上升，所以其外形必须高度流线化，为保证空天飞机整体构成高度流线化的外形，发动机不能放在机身的外面，需要放在机身里面与机身合并，发动机与机身合并后的难点是，要使进气道与排气喷管的几何形状，能随飞行速度的变化而变化，以便调节进气量，同时还要保证进气道在返回再入大气层时，能经受住高速气流和气动加热的考验，不发生明显变形，这样才可多次重复使用。

初露曙光

英国先前的"霍托尔"空天飞机项目中止后，一直参与项目研制的艾伦·邦德、理查德·瓦维尔和约翰·斯科特三位工程师，为了继承并应用"霍托尔"项目已经取得的技术成果，于1989年8月成立了英国喷气发动机公司，继续进行项目研究，同时将项目名称改为"云霄塔"。"云霄塔"虽然源于"霍托尔"项目，但在整体结构、机体及发动机等方面进行了大量的技术创新，尤其是采用了创新型动力装置设计，实现了重大技术突破。

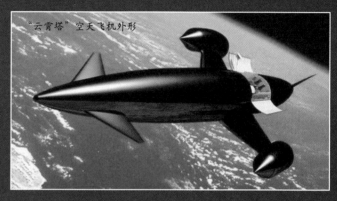

"云霄塔"空天飞机外形

"云霄塔"的新型该发动机是喷气/火箭混合发动机，采用了涡轮喷气和火箭技术。在较低速飞行时能像喷气机那样吸气，将氢与空气混合燃烧，在高速度下，把气体降温，然后被压缩并与氢燃烧产生推力，达到26千米的高度和5倍音速时，发动机又转变成火箭模式，即消耗随机携带的液氢和液氧，使空天空飞机的飞行速度达到25倍音速进入地球轨道。据报道，该发动机的创新亮点是预冷器技术。

"云霄塔"空天飞机外形与普通飞机类似，机身上没有常见的发动机，发动机采用内置设计，长90米、翼展25.4米，理论起飞质量约345吨，如果成功将是世界上首个采用混合动力发动机的天地运输器，按计划，"云霄塔"在中高空可以5马赫的速度实现大气层内洲际高速客运，4个小时内可抵达世界任何角落。

该计划于2011年通过了关键技术审查，若一切顺利，有望2016年进行亚轨道试飞，2018年实现轨道飞行。

美国空天飞机X-33

第三节　空天飞机的重大意义

将有力推动航空航天技术的发展

航空与航天两大技术存在不可分离的联系和很强的互补性。

过去航空和航天是两个不同的技术领域，飞机和航天飞行器分别在大气层内和大气层外活动，航空运输系统是重复使用的，航天运载系统一般是不能重复使用，空天飞机则把把航空和航天技术有机地结合成一体，必将进一步推动航空、航天技术的发展。

大幅度降低航天运输费用

由于空天飞机采用比运载火箭效率高的航空燃气涡轮发动机，在大气层靠空气中的氧气来来工作，可使运载器大大节省推进剂，从而减轻重量，且能完全重复使用，能达到大幅度降低航天运输费用的目的。

实现全球空运的最佳工具

空天飞机作为一种高超音速运输机，具有推进效率高、耗油低、载客（货）量大、飞行时间短等优点，是实现全球范围空运的一种最佳的经济而有效的工具。

具有重要的军事价值

军事专家认为：一旦空天飞机出现及大量运用必将对未来战争产生重大而深刻的影响。

由于空天飞机具备航空飞行器所不可比拟的速度优势和可以跨大气层飞行，将进一步拓展传统作战空间，将作战空间延伸至太空，例如，速度为6马赫的高超音速飞行器，能在6小时内环绕地球一周，能够在2小时内打击地球表面任何一个目标。它可以作为天基监视和侦察、通信系统平台支援作战，还可以作为反卫星武器平台，直接参与作战，迅速击毁敌方卫星或航天器。也可以作为战时的空间指挥平台，空天飞机能在轨道长期停留，一旦战时需要，可以直接承担起空间作战指挥控制任务等。

美国空天飞机原型机"机械手"

美国 X-37B空天飞机

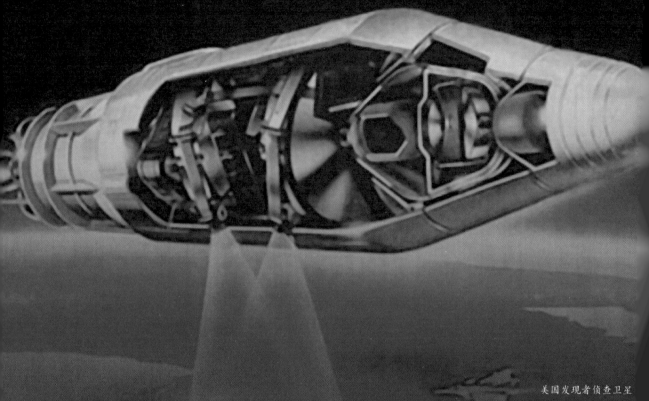

美国发现者侦查卫星

第八章 太空的军事应用

第一节 高科技战争中的军事卫星

概述

　　军事卫星是专门用于各种军事目的发射的人造地球卫星。军用卫星从20世纪50年代末出现到90年代直接参加局部战争，它在高科技战争中发挥了其他武器不可替代的作用，已经成为现代作战指挥系统和战略武器系统的重要组成部分。

　　如在1991年的海湾战争中，美军投入各类军事卫星50多颗。战争中部署在太空的各型卫星为美英联军参战部队提供了全面的侦察、监视、通信、预警、导航、气象等重要的作战保障，整个战争期间，战场上90%以上的信息是卫星提供的。由于军事卫星的强有力支持，美军对伊拉克的军事和战略目标实施了不间断的精确打击，获得了十分明显的战场效益。由于掌握了制空权，美军自始至终地掌握着这场战争的主动权。

　　军用卫星按用途一般可以分为侦察卫星、军用通信卫星、预警卫星、海洋监视卫星、军用气象卫星、军用导航卫星和军用测地卫星等。

军事侦察卫星

在军事卫星中，侦察和监视卫星的数量最多，约占40%。1991年的海湾战争中，正是依据侦察卫星获得的伊军战略目标位置，美军选定了2000个重点打击目标，并在战争的头两天内，摧毁了伊拉克大部分战略目标。侦察卫星具有全天候、全天时、全方位的探测能力和高速自动化处理能力。主要通过以下方式进行侦察与监视。

成像侦察卫星

成像侦察可谓是太空"千里眼"，是从空间侦察敌方军事设施、战略武器的发展情况及监视冲突和危机地区的军事态势的主要手段。成像侦察卫星分为光学成像侦察卫星（也称照相侦察卫星）和雷达成像（微波照相）侦察卫星两大类。

光学成像侦察卫星

其上载有可见光、红外和多光谱成像设备。可见光成像的地面分辨率高，但缺点是受天气影响大，阴雨天，有云雾及夜间都不宜工作。红外成像可以在夜间工作，并有一定的识别伪装的能力。多光谱成像可以获得更多的目标信息，但是红外和多光谱成像的缺点是分辨率都不及可见光高，并都在一定程度上受云雾、雨雪的影响。

美国锁眼侦察卫星

美国天顶2号侦察卫星

雷达成像侦察卫星

具有一定的穿透地表面层、森林和冰层的能力，能克服云雾、雨雪和黑夜的限制，与光学成像侦察卫星相配合，可以实现全天候、全天时地侦察。

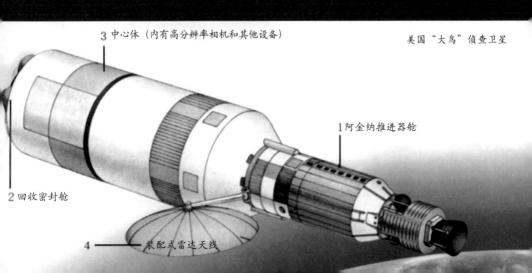

3 中心体（内有高分辨率相机和其他设备）

美国"大鸟"侦查卫星

1 阿金纳推进器舱

2 回收密封舱

4 装配式雷达天线

电子侦察卫星

电子侦察卫星是用于获取对方雷达和电信设施发射的信号，并测定其地理位置或获取其信号内容的侦察卫星。卫星装有收集和监听无线电信号的电子设备。

当卫星经过敌方上空时，它将各种频率的无线电信号和雷达信号记录在磁盘上或存储于电子计算机里，在卫星经过本土地球站上空时，进行回放，以快速方式将信号传回，通过电子侦察

美国折叠椅电子侦察卫星

获得：一是敌方雷达的位置和所用频率等性能参数，为战略轰炸机、弹道导弹突防和实施电子干扰提供数据；二是探测敌军用电台和信号发射设施的位置，以便于窃听和破坏。通过电子侦察卫星所获情报的分析，还可进一步揭示敌方军队的调动、部署乃至战略意图。

美国白云海海洋监视卫星

海洋监视卫星

海洋监视卫星是用于探测和监视舰船、潜艇活动，获取对方舰载雷达和无线电信号的侦察卫星。卫星装有专用电子侦察设备，如测距雷达、无线电接收机和红外探测器等，全天候地监视海面和对方舰船、潜艇目标，将获取的信息发回地面。由于所覆盖的海域广阔，探测对象是移动的多目标，因此一般采用多颗卫星组网的侦察体制，以实现连续监视，提高探测概率和定位精度。

为精确打击和军队机动提供有力保障

美国全球卫星导航定位系统（GPS），主要是为军事服务的，民用只是其"附产品"。它有两种体制，一种供商用，定位精度规定为100米，另一种是专供军用，其定位精度为18米。在海湾战争中，美国曾限制非美国用户使用GPS信号。

GPS在1991年海湾战争首次得到实战应用。当时多国的地面作

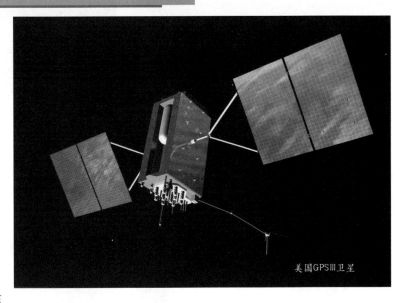

美国GPSⅢ卫星

战部队、飞机、舰艇和特种作战部队，配备了约5500台全球定位系统军用接收机和1万多台民用全球定位系统接收机，每天可及时接收在轨的16颗全球定位系统卫星发射的高精度三维导航信号，为实施精确打击和部队的机动提供了有力保障。

现代化作战、指挥不可缺少的重要手段

通信卫星具有覆盖范围广、容量大、可靠性高、不易摧毁等特点，与民用通信卫星相比，军事通信卫星的特殊要求是保密性强、容量大。战场卫星通信是高技术局部战争中对部队实施指挥控制的及其重要的手段。

美国在海湾战争中美军及其盟军共运用了9个系列共23颗通信卫星。其中国防通信卫星通信系统构成对海湾战区部队实施指挥控制与美国本土、欧洲及太平洋地区进行远程通信的支柱。到海湾战争结束时它提供的多路通信业务占美军通信总量的75%以上。

美国最新型先进极高频军用通信卫星

对来袭导弹进行早期预警

导弹预警卫星是用于发现、识别和跟踪导弹发射，上升段飞行，提供早期预警信息的卫星。卫星装有高灵敏度的红外探测器和带望远镜头的电视摄像机。由几颗卫星组成的预警网，可以及时发现和跟踪敌方导弹发射的有关信息，实现导弹早期预警。

导弹预警卫星

航天飞机释放DSP导弹预警卫星

在海湾战争中，美军至少将两颗导弹预警卫星转到战区上空，用于监视伊拉克"飞毛腿"战术导弹的发射。卫星上的红外望远镜每12秒扫描一次，提供近实时的信息，这些信息经美国空军的计算机处理，在导弹发射120秒后预报落点，给前线提供90秒钟的预警时间，引导爱国者导弹进行拦截，这种信息同时还给出飞毛腿导弹的发射点，以组织对其发射架的轰炸。

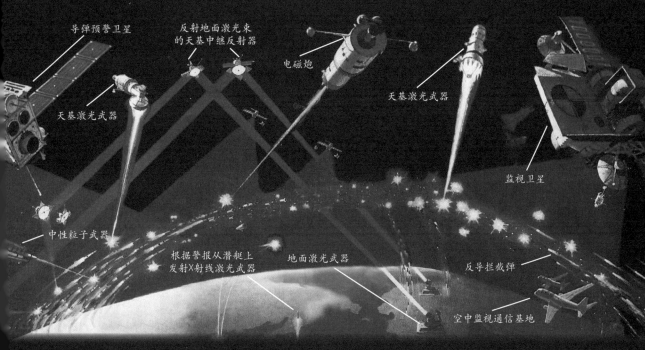

导弹预警卫星

反射地面激光束的天基中继反射器

电磁炮

天基激光武器

天基激光武器

监视卫星

中性粒子武器

根据警报从潜艇上发射X射线激光武器

地面激光武器

反导拦截弹

空中监视通信基地

星球大战示意图

第二节 战略导弹防御的"盾"与"矛"

美国的"星球大战"计划

20世记末美苏冷战后期，由于苏联拥有比美国更强大的核攻击力量，美国害怕"核平衡"的形势被打破，1983年3月23日，美国前总统罗纳德·里根在一个演说中呼吁美国科学家提出使核武器无效和过时的方法，并宣布了一项长期研究与发展计划，参议员爱德华·肯尼迪称其为"误导的红色恐吓战术和不计后果的'星球大战'计划"，从此这项计划就贴上了"星球大战"的标签。于1985年1月4日美国政府正式立项开发，正式名称是：反弹道导弹防御系统的战略防御计划，简称"战略防御计划"。目的是利用美国的高技术优势，建立空间武器系统，提供对付战略核武器攻击的空间防御手段，想以此实现，我可以打你，你打我打不了，这样一来，美国就算装进了保险箱，不用担心在核大战中与对手同归于尽了。但实际并不像美国想的那么简单。

"星球大战计划"是一个庞大的计划，它以宇宙空间为主要基地，由全球监视、预警与识别系统、拦截系统以及指挥、控制和通讯系统组成的多层次太空防御系统，运用包括火箭技术、航天技术、高能激光技术、微电子技术、计算机技术等在内的诸多高新技术，其预算高达1万多亿美元。计划核心部分由拦截系统和"反卫星系统"两部分组成。

中性粒子束武器

拦截系统

"洲际弹道导弹防御计划"拦截系统，是根据导弹从发射、飞行到命中目标过程的特点，建立包括导弹飞行各个阶段，采取各种手段的拦截防御网的拦截系统。

反卫星系统

由于卫星在监视、预警、通信、导航等方面具有不可替代的作用，美国战略防御系统另一个重要的任务就是使对方的卫星失去作用。基本的设想就是利用太空基地的监视系统，对敌卫星进行监视，并在必要时指令天基或陆基定向能武器系统摧毁敌人卫星。美国早在1977年就开始研制反卫星武器，这一研究已取得了一定的进展。

由于"星球大战计划"费用昂贵和技术难度大，经过时间的推移，最初设想的战略防御计划已经无法全面实施，加上苏联的解体，美国在已经花费了近千亿美元的费用后，于20世纪90年代宣布中止"星球大战计划"。1993年，克林顿政府将战略防御计划降级并重新命名为"弹道导弹防御"。

天基激光武器

有"盾"必有"矛"

弹道导弹防御，简称反导，是基于弹道导弹从发射到火箭发动机关机以后，导弹是沿着一条特定的抛物线飞行路线达到最终目标。这样一旦掌握了导弹起飞速度、方位等，就可以计算出导弹的飞行弹道，然后在各个阶段进行拦截。整个飞行过程分为三个阶段：上升段（包括助推段、末助推段）、中段和末段。上升段是导弹从地面(发射车、地下发射井)或水下潜艇发射，凭借火箭发动机的推力向上飞行的过程；中段是指导弹飞出稠密大气层，在空气稀薄的大气层外甚至更高的宇宙空间里飞行的过程；末段是指弹头在重力作用下再次进入稠密大气层回到地面的飞行过程。反导就是针对弹道导弹这三个飞行阶段，采取不同的拦截措施。

X波段雷达

陆基中段反导拦截系统

激光武器攻击卫星示意图

上升阶段拦截，最难以实现

美国在太空中部署了导弹预警卫星，用红外线相机对可能发射导弹的位置，进行实时监视，导弹上升阶段很容易被探测到，如能拦截效果也最好，因为此时弹道导弹刚起飞不久，被击落后也是掉在敌人领土上，但实际上在上升阶段拦截导弹，最难以实现。

一是对方可以用提高导弹起飞速度，缩短助推时间，如采用高性能燃料，可使导弹在发射后立即加速，来规避反导拦截。

美国在太空反卫星武器巡航示意图

机载激光飞机

二用激光炮对上升段导弹进行拦截并不现实。

美国"弹道导弹防御计划"曾计划用天基激光、机载激光拦截上升阶的弹道导弹。天基激光是把激光炮部署到地球轨道上，自上而下照射上升段的弹道导弹，但激光束穿过大气存在发散问题，如果部署的轨道较高，虽然站得高看的全，但激光经过稠密大气层发散衰减后，威力便大打折扣；如果部署在较低轨道上，就需要大量的激光炮，则成本高昂，如果导弹在雨、雾天发射，激光炮只能在导弹飞出云层以后才能有效照射，但为时已晚，这个方案最终被放弃。

机载激光是把一门激光炮装在波音747飞机上，从数百千米外照射上升中的导弹。因为波音飞机很容易被对方的地空导弹击落，即或不被地空导弹击落，也绝对逃不脱在发射场周围巡逻的战斗机的追击，因此，这个方案最终也只能被放弃。

RS-26俄罗斯洲际弹道导弹

中段和末段突防有高招

专家认为，在中段和末段采取以下措施就能够有效突破导弹防御系统。

在中段用数量很多的分导式弹头突防

如果有数量很多的分导式弹头，例如一次打出10～15枚分导弹头，散布在相当广的一个空域内，而且每一枚分导弹头可以机动飞行自主寻找打击目标，那它将对拦截系统构成非常大的挑战。有关研究证明，当子弹头数为5～15枚时，导弹的突防概率接近100%。

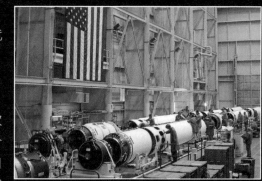

美国地基中段反导系统的导弹生产间

在末段用高超音速弹头突防

在弹道的末端，例如俄罗斯边界导弹会分离出多个高超音速机动式分导核弹头，这些弹头能以10千米/秒的速度重返大气层，就连美国国会都将边界导弹称为近30年来美国国家安全遭受的前所未有的威胁。

美国装备有世界最先进陆基反导拦截式器系统

第九章　空间探测器

第一节　空间探测器及其特点

什么是空间探测器

空间探测器又称深空探测器，是指对月球和月球以远的天体和空间进行探测的无人航天器，是空间探测的主要工具。空间探测器装载科学探测仪器，由运载火箭送入太空，进行空间探测。

为探索和研究天体的运动、起源和演化，人类走过了漫长的道路。空间探测器实现了对天体及行星的观测、直接取样探测，开创了人类探索太阳系内天体的新阶段。

自1957年10月4日第一颗人造卫星发射上天，到2000年全世界已发射了100多个空间探测器。它们对宇宙空间的探测取得了丰硕成果，所获得的知识超过了人类数千年所获知识总和的千百万倍。

空间探测器的特点

空间探测器的基本构造多与人造地球卫星相近，但探测器通常用于执行某一特定探测或调查的任务，因而会携带相应的特殊设备，与人造地球卫星相比有如下特点：

飞行速度高于卫星

卫星、飞船都是环绕地球飞行，具备第一宇宙速度就行了，而空间探测器要脱离地球引力，到行星空间长时间的飞行，对行星进行探测，所以要具有第二宇宙速度。

具有自主控制和导航能力

空间探测器在空间进行长期飞行，飞离地球几十万到几亿千米，无线电信号传输时间长，地面不能对其进行实时遥控，例如旅行者1号，它发出的无线电波信号传到地球要花大约17个小时，所以行星际探测器备有自主控制和导航能力，如美国海盗号探测器在空间飞行8亿多千米，历时11个月，进行了2000余次自主轨道调整，最后在火星表面实现软着陆。

电源用核能

探测器在星际空间飞行，远离太阳，那里的太阳光强度很弱，因此行星探测器不能靠太阳能电池阵供电，而要采用核能源系统，如旅行者1号与旅行者2号携带的是钚核动力电池。

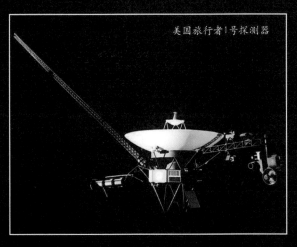

美国旅行者1号探测器

特殊的防护措施

是空间探测器在十分严酷的空间环境条件下飞行，需要采用特殊防护结构，以抵御高强度的宇宙辐射袭击。如木星附近有非常强烈的高能粒子辐射带，辐射强度超过太阳以外任何有人类探测器到达过的地方。朱诺号木星探测器是美国第二个木星探测器，于2011年8月发射升空，预计2016年进入木星轨道，科学家们为探测器中央控制器设计了一个特殊的钛合金抗辐射拱顶，使辐射对探测器的影响降到最低，保证任务的完成。

极远距离通信技术要求更高

深空探测飞行距离遥远，通信系统为了将大量的探测数据和图像传送给地面，传统的数据传输方式，难以满足深空探测通信要求，需要增大地球站和探测器天线口径，增加探测器的射频功率，采用先进的编译码技术，信号源压缩技术和提高载波频率等措施，以解决极远距离通信问题。

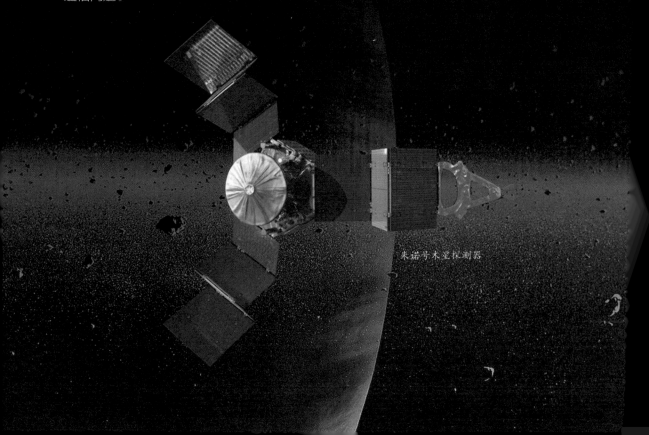

朱诺号木星探测器

"罗塞塔"绕彗星飞行并释放"菲莱"探测器降落彗星表面

第二节　空间探测器怎样飞向星际空间的

首先要获得第二宇宙速度

行星器探测器对行星进行探测的第一步就要飞离地球，发射它的运载火箭必须使探测器达到第二宇宙速度．才能冲破地球引力的束缚，进入绕太阳飞行的轨道。探测器离开地球作用范围之后，到进入目标行星的作用范围之前，探测器在太阳的引力作用下的日心飞行轨道，基本上是一个大椭圆，按惯性飞向目标行星。

借助引力助推

探测行星，路途遥远，一飞就要好几年，探测器不可能携带那么多燃料来提供动力，在没有本身任何动力支持的情况下，如何加速或改变探测器飞行方向，从而最终实现探测器探测目标行星呢？这就要借助行星的引力支援，这种借助行星引力支援的飞行，称为"引力助推"。

引力助推（也称为引力跳板）是利用行星或其他天体的引力改变飞行器的轨道和速度，以此来节省燃料和成本。引力助推既可用于加速飞行器，也能用于降低飞行器速度。

引力助推已被证明是航天器在星际航行中一种有效的基本技术。其实引力助推在自然界就有，例如彗星和环绕太阳轨道运行的其他天体，偶尔经过行星和行星的卫星时也会利用引力助推从而获得更大的动力，不过这不是它们有意安排的，那只是一种自然现象。

1974年"水手"10号探测器，被认为是首次运用引力助推飞往水星的。"水手"10号发射的速度勉强能够到达金星，然后借助金星的引力飞向了水星，从而节省不少开支。

欧洲"罗塞塔"探测器于2004年升空，它的任务是于2014年追上"丘留莫夫－格拉西缅科"彗星并在彗核上着陆进行探测，由于没有推力足够大的动力系统将其直接送往目的地，探测器只能借助地球和火星的引力，"罗塞塔"的漫漫１０年追星路，一共借助了地球的3次引力助推和火星的1次引力助推。4次调整速度和轨道，终于抵达目的地。

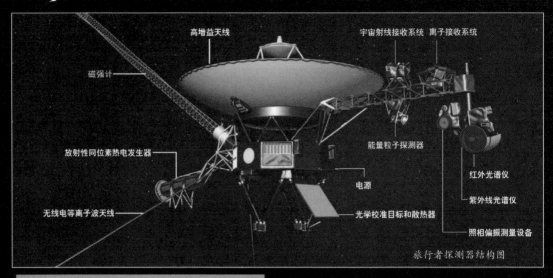

高增益天线　宇宙射线接收系统　离子接收系统

磁强计

能量粒子探测器

放射性同位素热电发生器

电源

红外光谱仪

紫外线光谱仪

无线电等离子波天线

光学校准目标和散热器

照相偏振测量设备

旅行者探测器结构图

是选择好发射日期

　　从地球发射的空间探测器飞往行星，借助引力助推，它的运行轨道必须是在与地球轨道和目标行星轨道相切的日心椭圆轨道运行，即所谓双切轨道运行。

　　地球和目标行星在各自的绕轨道上绕太阳运行，其运行速度，轨道半径大小都不同，因此它们在空间的相对位置是不断变化的，为了使空间探测器沿双切轨道运行，探测器必须选择在地球和目标行星处于某一特定相对位置的时刻发射，在这个时刻发射能保证探测器飞到与目标行星轨道相切处时，目标行星也恰好运行到相应的位置。这个有利的发射日期，一般每隔一两年才出现一次。

太阳系

数学家在20世纪60年代发现，太阳系行星在80年代出现近视直线的罕见排队，这就是所谓的"九星连珠"，是179年才出现一次的天文奇观，这一排列形状可令探测器借助引力助推一次造访太阳系里的大行星，而不必使用大量推进剂。美国宇航局为利用这一特殊机遇发射了"旅行者"1号和2号两个探测器，利用木星的引力到达土星，用土星的引力到达天王星，再用天王星的引力到达海王星，连续探测了木星、土星、天王星和海王星四大行星，成为探测太阳系行星最多，探测成果最丰富的探测器。

火星侦查轨道器在轨概念图　　　　水手10号探测器　　　　卡西尼号探测器结构示意图

第三节　探测目的与方式

探测目的

通过行星探测，能深入了解太阳系各大行星、卫星等的真实情况，包括地形地貌、空间环境、地质构造和内部结构的特征等。

通过对太阳系各大行星、卫星、小行星的考察研究，进一步揭示地球环境的形成和演变情况，认识太阳系的起源和现状。小行星和彗星是太阳系形成时残留下来的初始物质，它们保存了太阳系形成时大量的珍贵信息，探测成果有很高的研究价值。

研究行星与卫星的大气、电离层与磁场的特征、掌握行星与卫星的资源、能源以及特殊环境的利用前景。

探寻生命的起源和演变历史，以及对地外生命的探索。

月球与行星探测还可以促进太阳活动与空间天气环境研究。空间灾害天气可影响天基和地基的技术系统正常运行和可靠性，甚至危及人类的活动、健康和生命，通过探测加强空间灾害天气的预报工作。

防御小行星撞击地球。自新生代以来，地球上发生过6次重大撞击事件，每次都对地球生命造成重大影响，会诱发气候环境灾变和生物灭绝。研究小行星和彗星特别是近地小行星运行状况，预测和寻找防止其撞击地球的技术和方法，是深空探测的一个重要目的。

探测爱神小行星的尼尔森探测器

水手10号拍摄的水星照片

土星和它的两个卫星

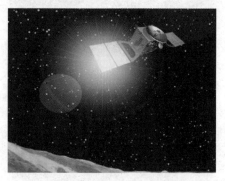

金星快车考察金星地表想象图

先驱者10号探测木星

探测方式

行星探测从20世纪50年代末就开始，80年代后期到现在，各国陆续发射了各种行星探测器，探测的方式有：

在行星近旁飞过

利用在行星近旁飞过的瞬间，进行近距离拍摄照片、测定其辐射和磁场等，如水手4号拍摄了火星第一批照片。

成为探测天体的人造卫星

人造卫星环绕探测天体飞行，可进行长期的反复观测，如嫦娥一号、玉兔号月球探测卫星长时间对月球进行探测等。

在行星表面硬着陆

利用撞毁前的短暂时间进行探测行星大气温度、气压等数据，如金星4号探测器。

在行星上软着陆

对行星表面进行实地考察，或采集样品进行分析，如勇气号、好奇号火星探测器等。

勇气号火星车模拟图

第四节　探索与发现

空间探测器之最

据统计，截至2011年11月，人类共发射了有239个行星和行星际探测器，这些探测器有些携带许多小探测器，但大部分为单一的探测器，其中134个探测器成功；7个探测器部分成功；98个探测器失败。分别探测了水星、金星、火星、木星、土星，天王星、海王星以及行星际空间和彗星。

飞行最远的探测器

旅行者1号于1977年9月5日在美国卡纳维拉尔角空军基地由大力神火箭发射升空，它先后探访了木星和土星，在经历漫长的36年后，飞行了187亿千米，是迄今飞离地球最远的人造飞行器，也是第一个进入星际空间的人造物体。

旅行者1号携带有10种科学探测仪器，包括成像系统、紫外光谱仪、红外光谱仪、磁强计、行星射电天文学实验装置、照相偏振测量仪、等离子微粒实验装置等，用于探测宇宙线、行星磁场、行星大气成分等，此外还携带一张名为"地球之音"的12英寸（一英寸=2.54厘米）厚镀金铜制光盘，这张寿命可达10亿年的光盘上录制了55种语言的问候语，包括中国语言，还有地球自然界的各种声音、27首乐曲以及包括中国长城在内的115幅照片。人们期望，有朝一日，它们会被宇宙中的外星智慧生命截获。那时，外星人就有可能通过这些了解到地球人的存在。

旅行者1号装备有3台放射性同位素热电发射器作为电源，其中两台是工作电源，一台是备用电源，每台39千克，可提供30伏、470瓦的电能。旅行者1号使用的电源可以让它工作到2025年。受惠于几次的引力加速，旅行者1号的飞行速度达到了约17千米每秒，已经达到第三宇宙速度。当2025年核电池耗尽后，旅行者1号将继续向着银河系的中心前进，只是不会再传送数据给地球。

美国旅行者2号探测器

旅行者1号携带一张地球之音
12英寸厚镀金铜制光盘

探测行星最多的探测器

旅行者2号同旅行者1号一样，1977年从地球起飞后，首先穿过火星轨道和危险的小行星带，同样借助行星的引力作用，使它适时改变轨道，探访了木星、土星、天王星和海王星。

天王星是于1781年3月13日被偶然发现的一颗神秘行星，距地球十分遥远，用天文望远镜观察它时，所看到的图像很模糊。旅行者2号经过8年的时间，航行了48亿千米之后，于1985年11月4日开始接近天王星，在1988年1月旅行者2号横穿距天王星赤道10.707万千米处，航行长达6个小时，仔细地观察了天王星的真面貌，拍摄了大量珍贵的照片。在如此近的距离上考察一颗距地球30亿千米远的天体，这还是第一次。

1989年8月旅行者2号继完成对天王星的探测任务之后，它以每小时6万多千米的速度向海王星直奔而去，经过了12年的太空飞行，总航程达72亿千米，在距海王星北极4827千米处的最近点掠过的过程中，不断拍摄，向地球发回了6000多张彩色照片，这些照片从离地球在约45亿千米外发出，无线电波要走4小时06分钟才到达地球。当在大屏幕前看到第一批海王星图片时，科学家们非常惊讶。自从1846年海王星被人们首次发现以来，直到1989年，用高倍率望远镜看它也只是一个不大的光点。这是人类第一次看清了远在45亿千米之外的海王星。

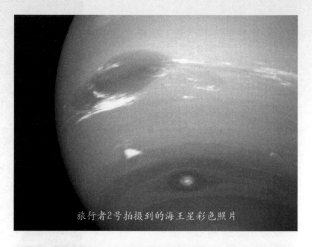
旅行者2号拍摄到的海王星彩色照片

旅行者2号探测天王星

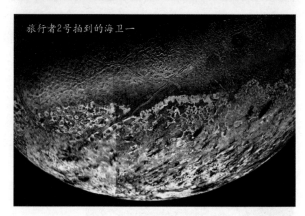
旅行者2号拍到的海卫一

麦哲伦号探测器

第一个从航天飞机上释放的探测器

1989年5月5日，美国亚特兰蒂斯号航天飞机，将一个以16世纪葡萄牙航海家麦哲伦命名的探测器带上太空，并在5月6日把它送上飞向金星的旅途。这个麦哲伦号探测器重3365千克，装有一套先进的电视摄像雷达系统，能透过厚实的云层测绘出金星上一个足球场大小的物体图像。它经过462天的太空飞行，于1990年8月10日，飞临离地球2.54亿千米的地方对金星考察，每隔40分钟向地球传回测得的数据和拍摄的照片，首次获得第一张完整的金星地图，对研究认识金星上的地质地貌提供了形象的资料，揭开了金星的面纱。

菲莱着陆器，成功登陆距地球5亿千米的丘留莫夫格拉西缅科彗星

首次登陆彗星的探测器

2004年2月26日，欧洲航天局"罗塞塔"探测器在法属圭亚那库鲁航天中心发射升空。"罗塞塔"自重达3吨，携带了一颗重约100千克的小型着陆器"菲莱"，其任务就是追赶彗星"丘留莫夫－格拉西缅科"并将"菲莱"送上彗星表面，科学家希望借助探测诞生于太阳系形成初期的彗星，进一步揭开太阳系形成乃至人类起源的奥秘。

经历长达10年的太空之旅后，2014年11月13日，由"罗塞塔"号彗星探测器释放的"菲莱"着陆器，成功登陆距地球5亿千米的"丘留莫夫格拉西缅科"彗星，这是人类历史上第一次让探测器在彗星上登陆。

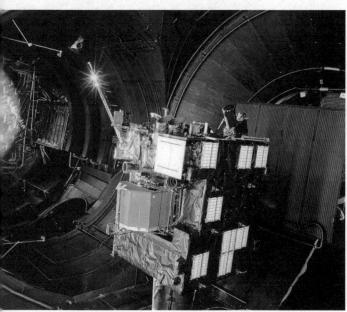

罗塞塔号做震动试验

工程师们正在向罗塞塔号添注燃料

探索与发现

　　人类迄今已发射了100多个空间探测器。分别探测了水星、金星、火星、木星、土星、天王星、海王星以及行星际空间和彗星。旅行者2号在1989年飞掠过海王星后，太阳系中所有行星都至少被人造航天器探访过一次。对宇宙空间的探测所获得的知识，超过了人类数千年所获知识总和的千百万倍。下面简要介绍除月球和火星之外的太阳系行星部分探索与发现情况。

水星

　　水星是太阳系八大行星中离太阳最近的行星，也是最小的行星，水星约88天绕太阳一圈，又是太阳系中公转最快的行星。水星上太阳的亮度比在地球上高出11倍，被太阳炙烤的水星表面温度达450°C。

　　1973年，美国发射了水手10号探测器，对水星进行了探测。在它与水星三次相会的过程中，向地面发回了5000多张照片，在最后一次，它距水星表面仅372千米，拍摄了非常清晰的水星电视图像，天文学家惊奇地发现，水星表面和月球表面极为相似，布满着环形山、大平原、盆地、辐射纹和断崖。

　　2011年，通过借助地球、金星和水星引力，飞行6年半的美国信使号水星探测器，成为世界第1颗水星探测卫星。信使号水星探测器发回的数据表明，水星极地可能存在冰，它们藏在背阴处深邃的火山坑里，免于遭受太阳光的炙烤。根据探测器的重力测算，科学家们发现水星的内部构造可能十分独特，其中心是非常巨大的铁核，约占整个星球半径的85%，周围是一层坚固的硫化铁，最外面是硅酸盐构成的很薄的地幔和地壳，约占星球半径的15%，就像橘子皮那样薄，从而揭开了为何水星的体积与月球相似，而其密度却比月球大得多的奥秘。

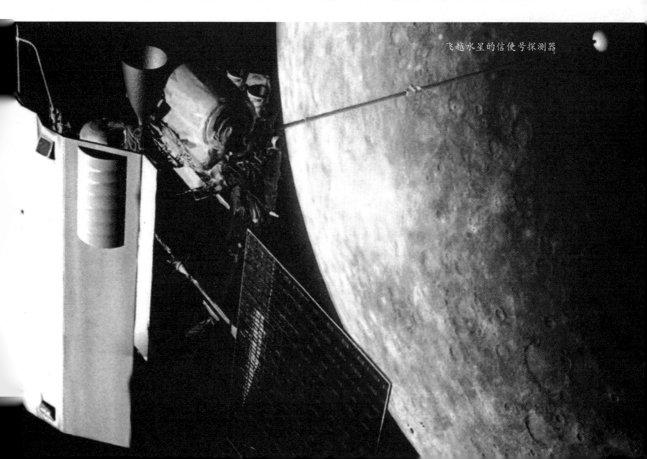

飞越水星的信使号探测器

金星快车探测器

"金星快车"在法国空间整测公司进行无线电干扰测试

金星

人类对太阳系内行星的探索，是从金星开始的。美国于1960年3月11日率先向金星发射了行星探测器先驱者5号，至今，人类已向金星发射了32个空间探测器，其中22个成功，10个失败。加上各种路过的探测器总数已超过40个。

金星是太阳系八大行星中距地球最近的一颗行星，在地球内侧的轨道上运行，有誉为地球的姐妹星，在有些方面它们非常相像，例如金星比地球略微小一些，它们的密度与化学组成都十分类似等，由于这些相似点，有时认为在它厚厚的云层下面可能有生命的存在，但是探测结果表明，在许多方面金星与地球有本质的不同。

金星的自转方向与其他行星相反，是自西向东转，因此，在金星上看，太阳是西升东落。它自转一周要243天，绕太阳的公转周期约为224.7日，也就是说，金星的一天比一年还长。它和水星一样，是太阳系中仅有的两个没有天然卫星的大行星。

金星的大气压力为90个标准大气压（相当于地球海洋深1千米处的压力），大气大多由二氧化碳组成，也有由硫酸组成的厚数千米的云层，稠密的大气产生了温室效应，虽然金星比水星离太阳要远2倍。但金星表面温度比水星还高，高达约500°C，足以使铅熔化。

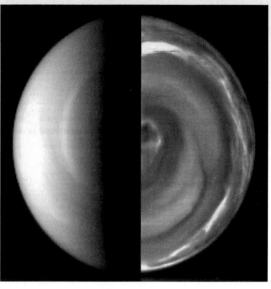

可见光－红外热成像仪分光计捕捉到的金星合成图片

金星表面乱石纵横，面积的2/3是丘陵高地，1/4是洼地，还有山区，很像地球大陆。表面物质几乎全是硅、铝、铁、镁、钙、钛、钾、锰等的氧化物，表层下埋藏着钾、铀、钍等元素。它有过与地球规模相仿的海洋，但已全部蒸发。由于高温和无水，金星上没有生命。

金星上火山爆发想象图

卡西尼号飞抵土星

土星

　　到目前已有4个探测器曾经探访过土星，其中最著名的是卡西尼－惠更斯号。卡西尼号探测器用了7年时间飞达土星轨道，也就是在2004年，它飞抵土星，进入环绕土星运行的轨道。

　　土星距太阳142940万千米，土星的体积是地球的745倍，质量是地球的95.18倍，土星的大小和质量仅次于木星，是太阳系第二大行星。它与邻居木星十分相像，表面也是液态氢和氦的海洋，上方同样覆盖着厚厚的云层。土星上狂风肆虐，沿东西方向的风速可超过每小时1600千米，土星上空的云层中含有大量的结晶氨。公转周期为10759.5天，相当于29.5个地球年。在太阳系的行星中，土星的光环最惹人注目，它使土星看上去就像戴着一顶漂亮的大草帽，探测表明，构成光环的物质是碎冰块、岩石块、尘埃、颗粒等，它们排列成一系列的圆圈，绕着土星旋转。

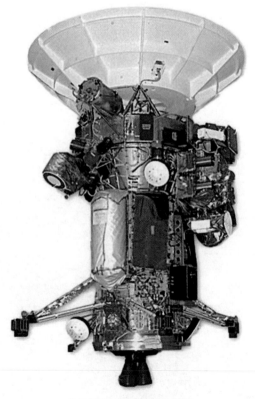

卡西尼号探测器结构示意图

在卡西尼号探测器靠近土星的时候，科学家们发现土星的光环突然向外喷射出一股巨大的氧气流。这股氧气流来自何方，命归何处，科学家们觉得这是个新的谜团，需要今后逐步找到答案。

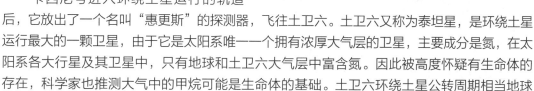

惠更斯探测器降落在土卫六

土星有较多的卫星，到1978年为止，已发现并证实的有10个。土星的平均密度只有0.70克/厘米立方米，是八大行星中密度最小的，如果把它放在水中，它会浮在水面上。

卡西尼号进入环绕土星运行的轨道后，它放出了一个名叫"惠更斯"的探测器，飞往土卫六。土卫六又称为泰坦星，是环绕土星运行最大的一颗卫星，由于它是太阳系唯一一个拥有浓厚大气层的卫星，主要成分是氮，在太阳系各大行星及其卫星中，只有地球和土卫六大气层中富含氮。因此被高度怀疑有生命体的存在，科学家也推测大气中的甲烷可能是生命体的基础。土卫六环绕土星公转周期相当地球15天22时41分24秒，土卫六的自转周期与公转周期相同，这一点与月球类似。表面温度-179.15℃。

土卫二是土星的一颗较小的卫星，平均直径为505千米，只有月球直径的1/7。

土卫二的质量和直径都位列土星卫星的第六位，在离土星最远的一个环上绕土星运行。

卡西尼号曾4次近距离的飞掠土卫二，获得了众多关于土卫二表面的意义重大的信息，发现了土卫二南极地区发生的含有水蒸气和复杂碳氢化合物的喷射现象。卡西尼号提供的资料显示在土卫二的冰冻表面之下可能存在着一个全球性的海洋。卡西尼号对其所捕获的冰晶颗粒进行分析后发现，这些冰晶颗粒是由盐水凝集而成的，这种状况一般只发生于大面积的水体之中。因此猜测土卫二之上也可能存在外星生命。

卡西尼号探测器在释放惠更斯着陆器

航天飞机释放伽利略号木星探测器

木星

1979年3月5日，旅行者1号在距木星27.5万千米处与木星会合，拍摄了木星及其卫星的几千张照片并传回地球。通过这些照片可以发现木星周围也有一个光环，还探测到木星的卫星上有火山爆发活动。旅行者2号于1979年7月9日到达木星附近，从木星及其卫星中间穿过，在距木星72万千米处拍摄了几千张照片，提供了有关木星磁场、磁层、大气、内部结构的可靠资料，发现了木星极光、木星环和5颗新木星卫星。

美国伽利略号木星探测器于1989年由阿特兰蒂斯号航天飞机送入太空后，利用金星重力抛射到达木星轨道1995年12月飞抵环木星轨道后的7年多时间里，绕木星飞行34圈与木星主要卫星35次相遇，发回1.4万张照片，第一次完整从轨道上进行考察。

从伽利略号木星探测器探测资料表明，木卫二的表层下可能有海洋。在伽利略号木星探测器到达木星之前，共发现16颗木星卫星，伽利略号木星探测器到达后多颗卫星被发现，这个数字已经上升到63颗。

苏梅克—列维9号彗星的碎片与木星相撞的壮观景象

伽利略号探测器拍摄到的木卫一

旅行者2号还发现，天王星的表面被汪洋大海所覆盖，其深度达8000千米，温度高达几千摄氏度。由于其海洋上面包围着厚达几千千米的大气层，所以超高温的海水未能沸腾。在天王星的云层中，还发现有向外喷射的气流，大气层中有猛烈的风暴，风速达1600千米/小时。在天王星的卫星中发现，天卫一是天王星中最亮的1颗卫星，上面有1条巨大的峡谷；天卫二则是天王星中最暗的1颗卫星，上面有两块白斑；天卫三上有白色的覆盖物，可能是冰，其地貌以断层和裂谷为特征；天卫四上有一片星罗棋布的陨石坑和一座高6400米的高峰；天卫五上有一座24千米高的山峰和一个16千米深的峡谷。科学家据探测结果认为，天王星是由数百万个彗星相结合形成的，这些彗星本是巨大的冰块，但在形成行星过程中受到高压和冲击作用产生高温，使冰球变成了水球。

旅行者2号探测天王星

天王星

天王星是太阳系的第七颗行星，它于距离太阳约28亿千米的距离围绕太阳公转。

旅行者2号在1986年1月24日最接近天王星，对它作了46天的考察，发现10颗新天王星卫星和11条新天王星环，第1次精确地测得天王星的公转和自转周期，天王星绕太阳公转1周大约相当于84个地球年，自转周期是16.82小时。天王星的自转独特在于它实际上是躺在其轨道滚动，它的两极会分别有长达42年的白昼或黑夜。

从旅行者2号探测器发回的照片上，科学家发现天王星大气中氦的含量为10%～15%，其余为氢，还有少量其他气体。大气中有风暴云，南极上空有棕色雾霭，南极高层大气受太阳照射的温度为180℃，而处在黑夜中的北极高层大气温度更高，达240℃，这与地球上的温度变化正好相反。天王星有扭曲的磁场，有辐射强度与地球相当的辐射带，新发现了10颗直径约数十千米大小的小卫星，使天王星卫星总数增至15颗；天王星至少有20条光环，而在地面上只能看见9条，这些光环很暗，主要由冰和石块组成。

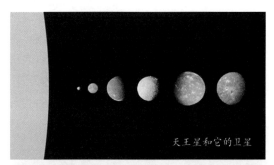

天王星和它的卫星

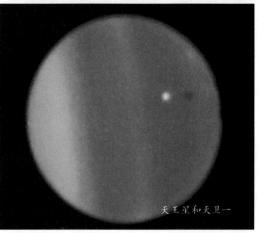

天王星和天卫一

海王星

海王星是天文学家利用天王星轨道的摄动，用数学推测在它的旁边还有天体，根据推测天体的可能位置，果然于1846年9月23日发现了海王星。

1989年8月25日，旅行者2号探测器飞越海王星，这是人类首次用空间探测器探测海王星。它在距海王星4827千米的最近点与海王星相会，从而使人类第一次看清了远在距地球45亿千米之外的海王星面貌。它发现了海王星的6颗新卫星，使其卫星总数增至8颗；首次发现海王星有5条光环，其中3条暗淡、2条明亮。海王星南极周围有两条宽约4345千米的巨大黑色风云带和一块面积有如地球那么大的风暴区，它们形成了像木星大红斑那样的大黑斑。这块大黑斑沿中心轴向逆时针方向旋转，每转360°需10天。海王星也有磁场和辐射带，大部分地区有像地球南北极那样的极光。海王星的大气层动荡不定，大气中含有由冰冻甲烷构成的白云和大面积气旋，跟随在气旋后面的是时速为640千米的飓风。海王星上空有一层因阳光照射大气层中的甲烷而形成的烟雾。

海王星和海卫一

旅行者2号还飞向海卫一进行了考察，发现海卫一是太阳系中唯一一颗沿行星自转方向逆行的大卫星，也是太阳系中最冷的天体。表面温度为-240℃。上面有3座冰火山，曾喷出过冰冻的甲烷或氮冰微粒，喷射高度有时达32千米。海卫一上有一层由氮气组成的稀薄大气层，它的极冠被冻结的氮形成一个耀眼的白色世界。

"旅行者"2号拍到的海卫一

新地平心探测冥王星

冥王星的面纱被揭开

经过50亿千米的飞行，9年多的太空穿梭，美国新视野号探测器于2015年7月14日以12500千米的速度近距离飞过冥王星，成为首个探测这颗遥远矮行星的人类探测器。前所未有的近距离实拍冥王星画面，揭露太阳系中这个未曾被探索过的疆域。

冥王星于1930年首次进入人类视野，曾被当作太阳系第九大行星。但国际天文学联合会于2006年对大行星重新定义，冥王星"惨遭降级"为矮行星。冥王星体积很小且与地球相距遥远，人们对它知之甚少。

冥王星的体积很小，加之距离遥远，即使在哈勃望远镜的镜头中，它也只是一个模糊的斑点。而且冥卫一卡戎的身影总是相伴它左右，很难将两者的光影分辨开来。直到1988年，卡戎与冥王星交食让科学家有机会测量两者单独的亮度和光谱。光谱测定结果显示，冥王星的表面主要含有水、氮、甲烷和一氧化碳。美国宇航局的哈勃空间望远镜的后续观测发现，某种特殊的有机化合物是冥王星表面呈微红色的原因。

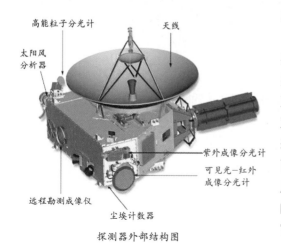

探测器外部结构图

新视野号的使命之一，是进一步确认冥王星表面的物质构成。冥王星与卡戎是双子星？

冥王星与冥卫一卡戎互相相伴左右，其身世之谜一直吸引着科学家。它们的自转周期完全相同、直径相当，这与太阳系大多数卫星直径比所围绕行星的直径小得多很不一样。但观测发现，冥王星与卡戎有很多差异。冥王星表面呈微红色，而卡戎则是不太鲜明的灰色。而且冥王星表面的亮度变化较大，卡戎表面亮度则较为均匀。光谱分析也进一步验证了两者的区别。卡戎表面的物质构成远不如冥王星丰富，只有单一的水冰物质。

217

第十章 月球与火星探测

第一节 中国"嫦娥"探月

月球探测新亮点

月球探测是一项非常复杂并具高风险的工程，1958年至今，全世界共进行130次月球探测活动，其中美国开展59次，苏联64次，中国3次，日本2次，欧航局、印度各1次。以上成功或基本成功67次，失败63次，成功率不到52%。

2004年1月，中国正式开展月球探测工程，并命名为"嫦娥工程"。嫦娥工程是一个完全自主创新的工程，工程规模庞大，由探月卫星、运载火箭、发射场、测控通信和地面应用五大系统组成。中国探月起步虽晚，但今天中国的航天已具备了足够的技术水平和能力，可从较高的起点实施探月活动，中国已进行的3次探月活动均取得了圆满成功，并按周密的科学计划，一步一步向更高的目标迈进，是人类探月的一个新亮点。

中国探月三部曲

"绕"——发射环月飞行的月球探测卫星。

"落"——月球探测器在月面软着陆，进行月面巡视勘察。

"回"——探测器完成月面巡视勘察及采样工作后返回。

嫦娥一号发射成功

首次绕月探测顺利实现

2007年10月24日在西昌卫星发射中心，用长征三号甲运载火箭，成功发射了中国第一颗绕月探测卫星——嫦娥一号。经过约5天的奔月，嫦娥一号先后顺利进入绕月轨道和环月轨道，进行"绕月"探测，继人造地球卫星、载人航天之后，开创了中国航天史上第三个里程碑。

嫦娥一号随身携带了8种24件科学探测仪器，重130千克，对月球进行为期一年的环月探测，完成了拍摄月球立体像、探测月球宝藏、测月球土壤层厚度、测地月空间环境等四大科学探测目标，获得120米分辨率全月球影像图、三维月球地形图等成果，并获得大量原始科学数据，2009年11月，中国发布第一幅全月球影像图，成为当时世界上已公布的最清晰、完整的月球影像图。2009年3月1日16时13分10秒，嫦娥一号在北京航天飞行控制中心的精确控制下，成功撞击在预定的月表区域——丰富海，标志着我国探月工程一期绕月探测顺利完成。

嫦娥一号

登月探路飞行试验，创造多项世界第一

月面图

2010年10月1日，在西昌卫星发射中心用长征三号丙运载火箭，将嫦娥二号送上了奔月的征程，经过对飞行轨道的一系列精确控制，成功地使嫦娥二号成为我国第二颗绕月探测卫星。

嫦娥二号是探月二期工程——"落"的先导星，是登月的探路先锋，它的重要任务就是要为嫦娥三号登陆月球进行关键性的技术的试验，如着陆月球的控制技术，X频段深空测控技术等，对嫦娥三号预选着陆区——月球虹湾区域进行高精度成像，此外还要进一步探测月球表面元素分布、月壤厚度和地月空间环境等。

嫦娥二号月球探测卫星按计划完成一系列绕月探测任务后，又顺利开展多项拓展性试验，超额完成任务，创造多项世界第一：

首次获得7米分辨率的全月图；

首次从月球轨道出发飞赴日地拉格朗日L2点进行科学探测；

首次对图塔蒂斯小行星近距离交会探测，获得10米分辨率的小行星图像。

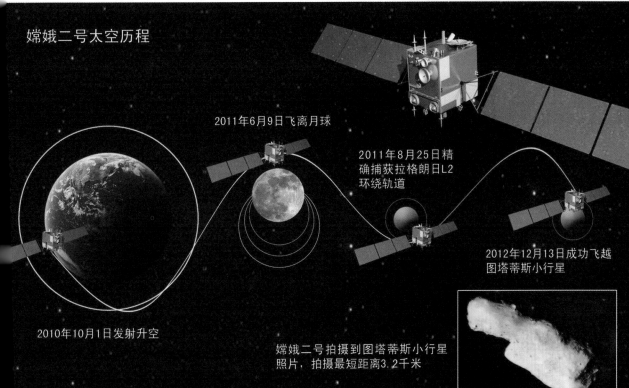

嫦娥二号太空历程

2011年6月9日飞离月球

2011年8月25日精确捕获拉格朗日L2环绕轨道

2012年12月13日成功飞越图塔蒂斯小行星

2010年10月1日发射升空

嫦娥二号拍摄到图塔蒂斯小行星照片，拍摄最短距离3.2千米

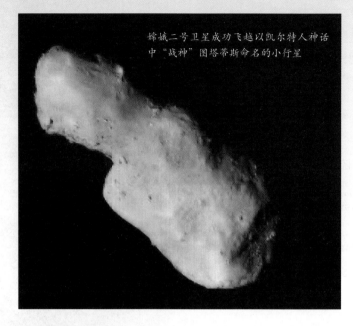

嫦娥二号卫星成功飞越以凯尔特人神话中"战神"图塔蒂斯命名的小行星

嫦娥二号成功飞越图塔蒂斯小行星

自2012年12月飞越探测图塔蒂斯小行星、成功实施再拓展试验以来，嫦娥二号卫星正进行着中国航天器飞行距离最远的一次"太空长征"，已成为我国首个人造太阳系小行星的嫦娥二号，星地距离于2013年7月14日突破5000万千米，2014年7月星地距离达到1亿千米。目前，嫦娥二号正继续飞向更远深空，根据轨道计算，嫦娥二号卫星预计最远将飞行到距地球约3亿千米处。

小知识
KNOWLEDGE

什么是拉格朗日点？

拉格朗日是一位法国数学家的名字，他于1772年用数学方法推导证明出，在地球围绕太阳运行的轨道面上，卫星在太阳、地球两大天体引力作用下，有5个引力平衡点，即L1、L2……L5,在这些点上卫星能保持相对静止，即停在那里不动，后来这些点就以这位数学家的名字命名为拉格朗日点。

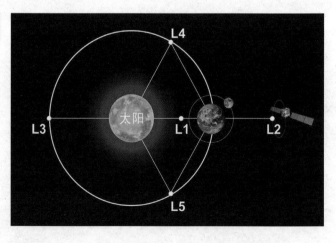

L2点位于日一地的连线上、在地球外侧约150万千米处，在该点的探测器消耗很少的燃料即可长期驻留，由于L2点背着太阳，因此受太阳辐射干扰少，是探测器、天体望远镜观测太阳系的理想位置，在工程和科学上具有重要的实际应用和科学探索价值，也是国际深空探测的一个热点。

嫦娥三号圆满"落月"

2013年12月2日凌晨，嫦娥三号携带玉兔月球车，从西昌卫星发射中心乘长征三号乙改进型运载火箭升空。12月14日晚嫦娥三号在距离地球38万千米的月球正面的虹湾以东地区成功落月，标志着我国航天器首次实现地外天体软着陆，也让中国成为世界上继美国、苏联之后第三个实现着陆月球的国家。

嫦娥三号着陆器巡视器成功分离

12月15日凌晨，着陆器与玉兔月球车成功分离，月球车按自主轨道驶向月面，之后着陆器与玉兔月球车互拍照片，当晚，照片传回北京，玉兔月球车"胸前"五星红旗鲜艳夺目，嫦娥三号任务取得圆满成功，标志着我国探月工程二期落月战略目标取得了全胜。

综观国外任务实施情况看，月球软着陆实施难度高、成功概率小。在国外实施的月球软着陆、巡视和采样返回任务中，苏联共实施29次，完全成功仅7次，成功率仅为24.1%，大部分任务在发射和飞行过程中即遭失败。美国共实施7次月球软着陆任务，完全成功5次。

嫦娥三号首次落月就圆满成功是怎样实现的

嫦娥三号首次落月就圆满成功，靠的是自主创新。

"玉兔号"月球车

精准的变推力发动机

月球上空没有大气，嫦娥三号落月的减速，不能用降落伞、气囊等，用的是为嫦娥三号量身研制的变推力发动机，它朝着嫦娥三号落月运动的反方向作用，从而实现减速。只有发动机"推得精"，嫦娥三号的速度才能"变得准"。嫦娥三号推进分系统由1台7500牛变推力发动机和若干台姿控发动机组成。这台7500牛变推力发动机是我国目前推力变化范围最大的发动机。短短几分钟内，嫦娥三号在导航制导控制系统的指挥下改变推力大小，完成主减速和快速调整，速度从每秒1.7千米降至大约每秒50米，高度从15千米降至不到3千米。

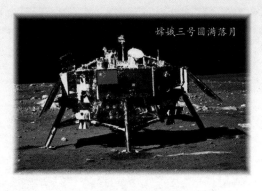

嫦娥三号圆满落月

玉兔号月球车放入长征三号乙改进型运载火箭

"聪明的"自主导航系统

整个动力下降段就10多分钟，时间非常短。国外把这种地面无法直接控制探测器的短暂时间称为"黑色瞬间"。嫦娥三号只能靠自主导航，不可能根据地面指令行动，只能事先把程序设定好存进去，为此，科研人员为嫦娥三号研制了有"足够聪明的大脑"——导航制导控制系统。落月是从15千米高度开始的。11分钟的落月过程中，嫦娥三号依靠自主控制，经过了主减速段、快速调整段、接近段、悬停段、避障段、缓速段等6个阶段，相对速度从每秒1.7千米逐渐减为0。在距离月面100米高度时，探测器暂时停下脚步，利用敏感器对着陆区进行观测，以避开障碍物、选择着陆点。在以自由落体方式走完最后几米之后，平稳"站"上月面的4条着陆腿触月信号显示，嫦娥三号完美着陆月球虹湾地区。

嫦娥三号携带的 8 台有效载荷，稳定地开展了"观天、看地、测月"的科学探测活动，获得大量探测数据，取得重要成果。

观天

由于月球上没有地球上的地磁、大气等干扰，是天文学家梦寐以求的天文观测场所。嫦娥三号着陆器上的月基天文望远镜，在近紫外波段对各种天体进行连续监测，观测到23颗星象。经过对图像数据进行仪器效应改正以及背景扣除等工作，还原了位于天龙座的不同天区在近紫外波段的真实星空图像，并通过信号提取以及与光学天图、星表比对，测定了目标天体的天球坐标。

看地

嫦娥三号着陆器上装备一台极紫外望远镜，用于观测地球等离子体层的密度、结构变化等，可反映地球空间大范围的环境变化，实现"看地"。极紫外相机成功获取地球等离子体层观测结果。玉兔号月球车落月后，在月球上看到了地球等离子层的全貌。经过对数据进行消除噪声等处理，得到了极紫外相机对地球等离子体层的观测结果。通过对地球周围的等离子体层产生的辐射进行全方位、长期的观测研究，获取地球等离子

玉兔号月球车进行光照试验

体层图像，有助于丰富人类对地球等离子体层结构和动力学演化机理以及太阳活动对地球空间环境影响效应等的认知。

测月

　　"玉兔号"月球车上装有全景相机、测月雷达、红外光谱仪和粒子激发X射线谱仪等多台探测仪器，对月球进行了多方位测月探测。全景相机在多点对着陆器进行成像，并对巡视器周围月面进行360度环拍，获取了多幅图像数据。测月雷达获得两个通道探测数据，分别探到了月表下140米内和10米内的浅层结构，可看到明显分层。红外成像光谱仪获取的月面目标图像清晰，光谱特征明显。粒子激发X射线谱仪对月面元素进行了探测。经初步分析，可识别出镁(Mg)、铝(Al)、硅(Si)、钾(K)、钙(Ca)、钛(Ti)、铬(Cr)、铁(Fe)、锶(Sr)、钇(Y)和锆(Zr)等11种元素。

　　这些科学探测数据为建立巡视探测区地形地貌、地质构造，物质成分和浅层结构于一体的综合地质剖面，以及区域化学与构造动力学研究打下了基础。

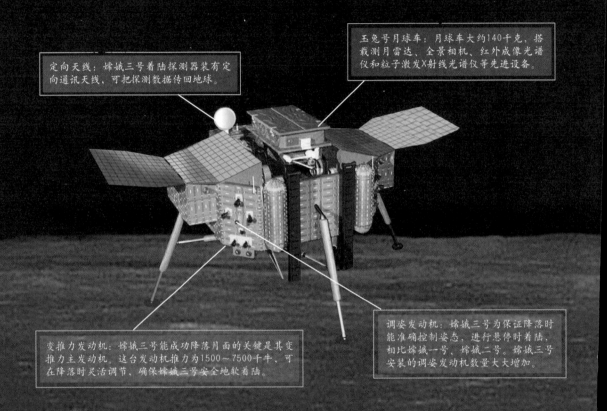

定向天线：嫦娥三号着陆探测器装有定向通讯天线，可把探测数据传回地球。

玉兔号月球车：月球车大约140千克，搭载测月雷达、全景相机、红外成像光谱仪和粒子激发X射线光谱仪等先进设备。

变推力发动机：嫦娥三号能成功降落月面的关键是其变推力主发动机。这台发动机推力为1500～7500千牛，可在降落时灵活调节，确保嫦娥三号安全地软着陆。

调姿发动机：嫦娥三号为保证降落时能准确控制姿态，进行悬停时着陆，相比嫦娥一号、嫦娥二号，嫦娥三号安装的调姿发动机数量大大增加。

链接　月球上留名的古代中国人

　　从伽利略望远镜开始人类陆陆续续对月球上一些地形单元进行了命名，绝大多数采用了地球上的地名和世界各国历史上著名科学家的名字，以示纪念。从1935年开始，国际月面地名命名委员会就相继对这些的地名进行了整理和确认。

　　迄今共有11个中国的人名和地名留在了月球上，其中包括石申、祖冲之、张衡、郭守敬等中国古代天文学家以及万户、李白、嫦娥等。

取样返回指日可待

中国探月工程三期，已正式拉开序幕

2014年10月24日，中国自行研制的探月工程三期再入返回飞行试验器，在西昌卫星发射中心用长征三号丙运载火箭发射升空，准确进入近地点高度为209千米、远地点高度41.3万千米的地月转移轨道。飞行试验器在经历地月转移、月球近旁转向、月地转移，从距地球约38万千米的月球轨道，以接近第二宇宙速度进入大气层，经跳跃式弹起后再次进入大气层，2014年11月1日再入返回飞行试验返回器在内蒙古四子王旗预定区域顺利着陆，中国探月工程三期再入返回飞行试验获得圆满成功，为中国探月"绕、落、回"的第三期工程，实现月球表面自动采样返回奠定了基础。

嫦娥五号肩负重任

中国月球探测工程的第三阶段为"回"，全称叫"月面巡视勘察与采样返回"阶段，即发展新型月球巡视车，对着陆区进行月面巡视勘察。把采样返回舱、月表钻岩机、月表采样器和机器人操作臂等月球探测器发射至月球表面软着陆，然后通过月球车、机器人等进行现场探测，在月面巡视分析取样基础上，采集关键性样品运回地面进行研究。将于2017年在海南文昌航天发射中心发射，这一历史性重任将由嫦娥五号实现。

嫦娥五号试验器

第二节 人类探索月球回顾

月球是离地球最近的天体，有38万千米，是地球的天然卫星，与地球朝夕相伴，自古以来，月球给人类留下了许多美丽的传说。人类的探月经过了由远到近，技术上由低到高的漫长历程。

古人观月

在没有精密观测仪器的古代，人们只能靠肉眼观察月球并寄托自己的想象。

月球本身不发光，只是反射太阳光。由于月亮、地球和太阳三者的相对位置发生周期性的变化，人们在地球上看到的月亮就有圆缺（或盈亏)的变化。这种现象，通常叫作月相变化。"人有悲欢离合，月有阴晴圆缺"，这里的圆缺就是指"月相"的变化。

历法是根据天象变化的自然规律来计量较长的时间间隔，并判断气候变化和预测季节

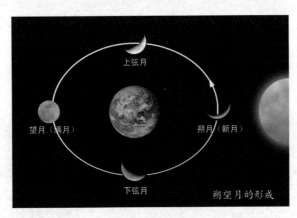

朔望月的形成

来临的法则。月相的变化非常明显，是一种很好的天然历法。我国是四大文明古国之一，几乎所有的文明古国都曾把月相的变化作为制定历法的依据。我国古人早在公元前3000年前就测出月相变化的周期（朔望月）为29天多，根据月相圆缺变化的周期（即朔望月）制定的历法称为阴历，因古人称月亮为"太阴"，所以称为"太阴历"，简称"阴历"。我国阴历中的月份就是根据朔望月确定的。

望远镜窥探

1609年一个漆黑的夜晚，意大利科学家伽利略（1564—1642）站在一座山头上，用自制的放大倍数只有30倍、且做工粗糙的望远器，发现月球表面是那样的凹凸不平，还分布有很多环形山，伽利略据此亲手绘制了第一幅月面图。虽然从科学的角度上看，伽利略的《月面图》还不够精确，但月面的平原、环形山脉清晰可见，这便是人类第一次看到的月球面容。

随着望远镜在各方面性能的不断改进和提高，所用望远镜口径越做越大，就越能反射或折射更多的光线，对月亮观测也越来越精细。

伽利略亲手绘制的第一幅月面图

无线电探测

用光学望远镜观察月球以后，人类又发展了射电望远镜，射电望远镜是观测天体射电波段特征的天文望远镜。除了光学和射电观测，对月球的非可见光天文观测还包括红外观测、紫外观测、X射线观测和γ射线观测等。

月球上的环形山

朝向地球的月面

月面结构在太阳光斜射下很黑的影子

美国月球勘探者号月球探测器

美苏探月竞赛

1957年苏联发射第一颗人造卫星并于1961年把加加林成功送上近地轨道之后，人类便开始发射探测器对月球进行探测。在冷战背景下，美苏为了争夺霸权，展开了探月竞赛，并形成了第一次探月高潮。

从20世纪50年代末到70年代初，苏联共向月球发射了32个探测器，这些探测器或逼近或登陆月球，取得了丰硕的成果，美国也向月球发射了21个探测装置，1969年7月阿波罗11号实现了人类登月之梦，在月球探测中取得最辉煌的成果，先后有12名航天员踏上月球，并向地面带回440千克的月岩样品。

月球探测相对平静期

随着冷战形势的缓和，加之苏联的解体，对空间争霸有所缓解，美国阿波罗计划结束以后，月球探测一度有所降温。1976年以后的10多年，世界上很少进行过月球探测活动。月球探测处于相对平静期。

欧空局SMART—1号月球探测器

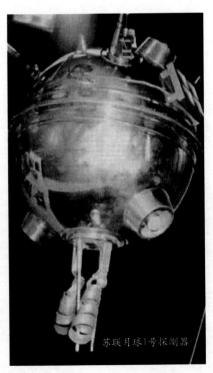

苏联月球1号探测器

新的探月热潮

20世纪90代后期，世界各国再度将探索的目光聚焦月球。一方面现代航天技术的发展为人类提供了进一步探测月球的重要手段；另一方面月球独特的自然环境和资源一直吸引着人类。新一轮探月热，已不同于美苏争霸时期探月竞赛，除了科学探测以外，主要是要为自己未来在月球资源的开发和利用中占有一席之地。这期间，除了美国以外，欧洲航天局、日本、印度先后提出自己的探月计划,并发射探测器。

欧洲航天局于2003年9月27日将SMART-1月球探测器发射升空。SMART-1号是欧洲航天局的首枚月球探测器，是世界上第一个联合使用太阳能推进系统和月球引力的空间探测器。

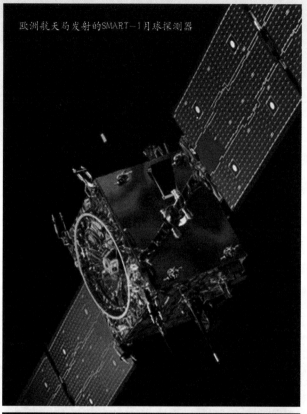
欧洲航天局发射的SMART-1月球探测器

印度的探月卫星

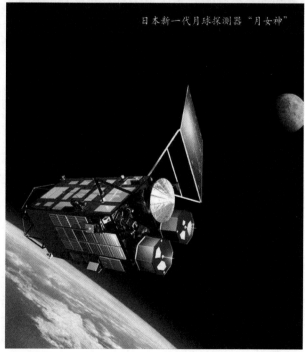
日本新一代月球探测器"月女神"

死寂与荒漠

月球表面的环境，与地球截然不相同。1967年7月20日，美国航天员阿姆斯特朗和奥尔德林首次登上月球，当他们走下飞船，映入眼帘的是一派陌生而奇异的景色，这里的天空是黑洞洞的，天空中布满了星星，一闪也不闪。尽管他们身穿笨重的航天服，可在月球面行动却轻松自如，还在那坑坑洼洼的月球表面上轻飘飘地跳跃起来，因为月球引力只有地球引力的1/6。

月背面的代达鲁斯环形山

月球上没有空气，声音无法传播。若偶尔有一颗小陨石撞到月球，能掀起万丈尘埃，却听不到一点声音，如果你想与同伴说话，只能采用专门的通信设备。

没有水，没有生命，月球是一个死寂、荒漠的世界。月球表面没有地球上的风化、氧化和水的腐蚀过程，月面一直保持着几十亿年前形成的地貌特征，对月球的研究有助于了解地球的演变历史。

月面

月球上的一天

月球上的白天和黑夜的长度都相当于14.5个地球日，从日出到下一个日出，平均有约29个地球日。由于没有大气的阻隔，使得月面上日光强度比地球上强1／3左右。由于没有大气，也就没有热的传导介质，使月球表面昼夜之间温差悬殊，白天温度为110～130℃，最高可达150℃，而在夜晚则非常寒冷，可达-130～-160℃，最低可达-180℃。昼夜温差达300℃。

月面上的暗黑斑块

我们在地球上用肉眼就能看到的月球正面上的暗黑色斑块就是月海，它实际上是宽广的平原，一滴水也没有。这是由于早期的月球观察者在无法看清月面的情况下，只能凭借丰富的想象力，根据它们的外貌特征，用地球上的名字给它们取名。

月海

月球上有20多个月海，如危海、丰富海、澄海、静海、酒海、冷海、雨海、汽海、云海、湿海、风暴洋等20多个月海。它们绝大多数分布在月球向着地球的一面，只有东海、莫斯科海和智海在月球背面。最大的月海叫风暴洋，面积达500万平方千米，相当于我国陆地面积的一半。

月海的地势相当低。静海和澄海比月球平均水准面低1700千米，湿海低5200米，最低的是雨海东南部，其"海底"竟在月球平均水准面之下6000多米。

万古不变的脸谱

在地球上看月球，只能看到月球的半个球面，而这半个球面基本上是月球的同一个半球的表面。这个总是朝向地球的半个月球面，叫做月球的正面。月球的另一个半球面，总是背着地球，叫做月球的背面。在地球上，人们是无法直接观察月球背面的。这是因为月球的自传周期正好与月球绕地球的公转周期相同，致使月球总是一面向着地球。

自从1959年月球探测器拍摄了月球背面的照片以后，人们才开始对那里的月面特征有所了解。月球的背面展现的是另一番景象，月球背面分布着深深的撞击坑，而月海很少，月球背面的表面起伏比正面大得多，月球正面从最深的撞击坑底部到最高的中央峰顶部高度大约5千米，而在背面高度达到16千米，这相当于从地球最深的海沟底部到珠穆朗玛峰的距离。

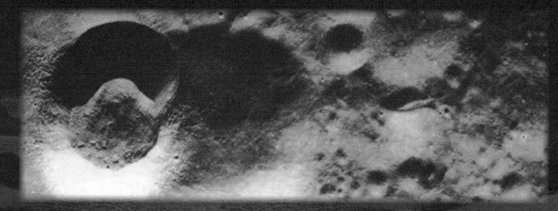

雨海盆地周边的群山

环形山、撞击坑无处不在

环形山、撞击坑的广泛的分布，是月球表面最突出的特征。

月球上的撞击坑、环形山，直径从几厘米到300千米左右，尺度相差极大。直径大于1000米的环形山总数多达33000个以上，而直径在1米至1千米间的小环形山约有30000亿个，此外还有无数数量难以估计的直径小于1米的小撞击坑，月面是"满目疮痍"，月球上绝大部分的环形山和撞击坑是撞击形成的，只有很少一部分是由火山爆发形成的。

月球上的环形山，大多是用著名天文学家的名字来命名的，如哥白尼、开普勒、牛顿、柏拉图、第谷、祖冲之、张衡等环形山。月球正面的第谷、哥白尼、开普勒等环形山，周围都有很明显的辐射条纹。特别是位于南半球的第谷环形山，周围的辐射条纹最为壮观，数量多达100多条。其中最长的一条长达1800千米，一直延伸到北半球的澄海。在地球上，即使用最普通的望远镜，也能清晰地观察到那些较大的辐射条纹。

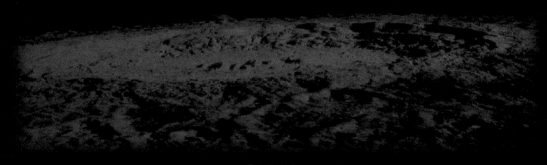

哥白尼环形山

月球的表面覆盖着粉末状的尘土

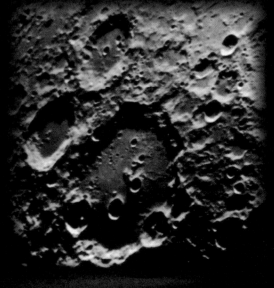

在月球的表面，普遍覆盖着一层厚薄不一的碎屑物质。一般来说，高原、高山区碎屑覆盖物较厚，达1千米之多；而月海区域碎屑物较薄，多在1米左右。覆盖物主要是碎石，上面是浮土。

关于月球表面形态结构的形成原因，科学家们进行了多方面的研究，虽然目前尚无完全肯定的结论，但普遍认为，塑造月球表面形态的主要因素是：小型宇宙天体物质（小行星、彗星、流星等）冲击、熔岩喷发，以及剧烈的温度变化、太阳风的不断冲击等造成的。

月球上最年轻的撞击盆地之一：薛定谔环形山

月球是地球的天然宝库

具有极其丰富的矿产资源

根据科学考察探明，月球是一个有着极其丰富的矿产资源的宝库，目前月球上已知有100多种矿物，其中有5种是地球上没有的。月球是一个庞大无比的金属仓库。以铁为例，根据对月球物质的化验，月面最表层的5厘米厚的沙土里就含有400亿吨铁，而整个月球表面有平均10米厚的沙土。这样，月面表层里的铁的总含量就将是400亿吨的200倍，而且是一种比较单纯的铁矿物，既便于开采，又易冶炼。

在月球广泛分布的岩石中，蕴藏有丰富的钛、铁、铀、钍、稀土、镁、磷、硅、钠、钾、镍、铬、锰等矿物，仅月海玄武岩中，可开采利用的钛金属至少就有100万亿吨。月壤中有丰富的铝、铁、硅，等，可用来直接生产建筑材料。

月球风暴洋中玄武岩上面覆盖着一层厚度达10~20千米的克里普岩，该岩石含有丰富的稀土元素，并富含铀、钍等放射性元素，根据专家的估算，月球风暴洋区下覆克里普岩中，稀土元素高达2250~4500亿吨。

月球高地的斜长岩，是所有月球岩石中分布最广最为丰富的一类岩石，其中富含硅、铝、钙等资源，储量更为可观。

在月球上还发现有多种自然金属，如含钴的镍铁金属、铁金属和镍铁金属，而在地球上很少会存在自然状态的金属，尤其是铁，只能存在于各种形式的氧化物矿物中。科学家在月球岩石样品中发现了一层很薄的未被氧化的纯铁薄膜，在地球条件下会很快氧化生锈。可是，试验发现，这种铁在月球并没有被氧化，其纯度非常高，如此高纯度的铁，对人类非常有用，但在地球上根本冶炼不出来。

具有极为丰富的能源资源

极为丰富的太阳能资源

射向地球的太阳能，约有1／3被地球大气反射到太空中，剩下不到2／3还要遭受地球大气的散射和吸收等，能够到达地球表面的只是一小部分，月球则不同，表面没有大气，太阳辐射可以长驱直入，每年到达月球范围内的太阳光辐射能量，大约为12万亿千瓦。

未来月球的采矿业

科学家设想在月球上建立一个极其巨大的太阳能光伏电池阵，由它来聚集大量的阳光发电，然后将产生的电能以微波形式传输到地球上。为了解决微波束发散角比较大，地面的接收天线难以接收的问题，可以使用微波激射技术，微波激射又称脉冲，它的波束不发散。

月球上的一个白天和黑天各持续时间约为地球上的两个星期。为了持续供电，可以在月球上每隔经度120°各建一个太阳能电站，或者在月球的正面和背面各建一个太阳能电站，然后联结成网，就可以保证整个电网连续、稳定地发电。

硅是制造太阳能电池阵的主要材料。月球上硅储量丰富，又具超真空、低重力的环境，能生产出高质量的硅光伏电池。

月球太阳能电站建设需要的其他材料，如铝、钛、铁、钨、铜等，都能从月球上提取，只有加工生产装置需要从地球送到月球。

丰富的氦-3资源

1985年，专家们通过分析阿波罗载人登月飞船带回的月壤和月岩样品，发现月球上有大量的核聚变物质——氦-3。氦-3是一种可长期使用、清洁、安全和高效的核聚变燃料，在地球上，氦-3资源非常稀缺。

月球——人类的天然空间站

开发月球

月球有很高真空性能以及较小重力，是人类的天然空间站，将来人类可以将一些物理、化学、生物等在地球上做不了实验移到月球去做。月球也可成为未来特殊材料制造工业基地，制造人类急需要而地球上又无法制备的特殊材料和精密材料。

月球的稳定性将成为又一种亟待开发的太空优势资源。在月球上建立海船、飞机、航天飞船等导航系统，会更加稳定，不会因为卫星姿态失控而出现导航能力下降。

理想的对天观测和对地监测站

　　月球上没有大气，无雨无云，能见度非常高，而且夜间的温度低而稳定，这样良好的物理条件对提高和扩大天文观测的精度和范围都非常有利，使得天文观测系统能保持充分稳定地工作。

　　地面上所建的天文台必然会受到风雨雷电等气象因素的影响，在地面上开展观测，只能接受来自天体的可见光、射电波和少数几个小波段处的红外光，包含丰富天体物理信息的绝大部分天体辐射，都被地球大气阻挡和吸收。月球没有空气，没有气象影响，可以做到全波段观测，月球远离地球，没有城市的光污染和稠密的无线电干扰，也不会因人类活动对天文观测产生影响。月球背面永远背对地球，因此能够屏蔽来自地球的低频噪音干扰，所以月球背面是建设月球天文观站最佳场所。

月球上的中转站

建立月球观测站

月球上的天文观察站

链接 月球的九大未解之谜

　　人类对月球的探测虽然已经历了近50年,从1959年苏联发射了第一个月球探测器,到目前人类已经成功地发射了100多个月球探测器,尤其是载人登月,人类对月球的认识取得了一系列突破性进展,但仍然存在着许多令人困惑未解的问题和争议。

月球的形成之谜

　　关于月球形成有四种假说:一是同源说,有些科学家认为,月球是和地球一起,于46亿年以前,从一团宇宙尘埃中生成的。二是分裂说,认为月球是地球的孩子,也许是从太平洋地区抠出去的。然而阿波罗登月探测的结果表明,地球和月球的结构成分差别很大,有一些科学家提出了另一种假说,即三,俘获说。他们认为,月亮是偶然闯入地球引力场,而被锁定在目前的轨道上。四是碰撞说,认为地球被一颗像火星般大小的天体撞击,撞击抛射出的碎片逐渐聚集形成了现在月球。碰撞说得到了越来越多的证据支持,受到大多数科学家的认可,但还不能最后下定论。

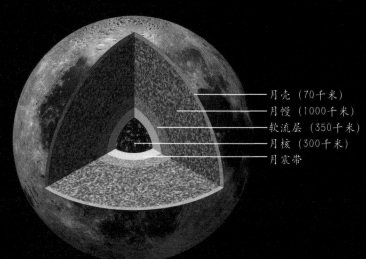

月壳（70千米）
月慢（1000千米）
软流层（350千米）
月核（300千米）
月震带

月球岩石年龄之谜

在实施"阿波罗计划"过程中，从美国航天员带回的月球岩石标本，经分析发现月球岩石99%的年龄要比地球上90%年龄最大的岩石历史更悠久。阿姆斯特朗在静海降落后拣起的第一块岩石的年龄是36亿岁。其他一些岩石的年龄为43亿岁、46亿岁——它几乎和地球及太阳系本身的年龄一样大，地球上最古老的岩石是37亿岁。

不可思议的是，阿波罗11号飞船带回的月面土壤标本据信历史已长达46亿年。46亿年前正是太阳系形成的时候。这种月球土壤显然比它周围的岩石还要"年长"。

苏联的无人月球探测器也获得了与此相同的结论。根据对从月海带回的月球岩石的调查结果，它至少与太阳一样古老，是46亿年前形成的。这是怎么回事？

月球放射性之谜

月球中厚度为12.9千米的表层具有放射性，这也是一个惊人的现象。当阿波罗15号的航天员们使用温度计时，他们发现读数高得出奇，这表明，亚平宁平原附近的温度的确很高。怀疑月球的核心一定更热，然而，令人不解的是，月心温度并不高。这些热量是从月球表面大量放射性物质发出的，可是这些放射性物质(铀、铊和钍)是从哪里来的？假如它们来自月心，那么它们怎么会来到月球表面？

月球上水汽团之谜

最初几次月球探险表明，月球是个干燥的天体。一位科学家曾断言，它比戈壁大沙漠干燥100万倍。阿波罗计划的最初几次都未在月球表面发现任何水的踪迹。可是阿波罗15号的科学家却探测到月球表面有一处面积达259平方千米的水气团。科学家们争辩说，这是美国航天员废弃在月球上的两个小水箱漏水造成的。可是这么小的水箱怎能产生这样一大片水汽？看来这些水汽可能来自月球内部。

月球表面的一些玻璃状物质之谜

阿波罗号飞船的航天员们发现，月球表面有许多地方覆盖着一层玻璃状的物质，正如一位科学家所指出的：月亮上铺着玻璃。这表明，月球表面似乎被炽热的火球烧灼过。专家的分析证明，这层玻璃状物质并不是巨大的陨星的撞击产生的，那么它是怎样形成的呢？

  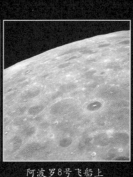 

月球上的岩石　　　　　　月面上辐射纹　　　　阿波罗8号飞船上　　　月球背面的代达罗斯坑
　　　　　　　　　　　　　　　　　　　　　拍摄的月球表面

月球内部"质量瘤"之谜

1966年8月至1967年8月，美国为了登月积极做准备，先后发射了5个"月球轨道环行器"飞船。它们航行到月球后，成为环绕月球运动的人造月球卫星，实现对月球近距离全面考察。围绕月球飞行的探测器首次显示，月球的表层下存在着物质聚集结构——"质量瘤"，当宇宙飞船飞越这些结构上空时，由于它们的巨大引力，飞船的飞行会稍稍低于规定的轨道，而当飞船离开这些结构上空时，它又会稍稍加速，这清楚地表明这种"质量瘤"构的存在，以及它们巨大的质量，而且不止一个。科学家们认为，"质量瘤"由重元素构成，隐藏在月球表面海的下面。月球怎么会"长瘤子"呢？

月球尘埃之谜

美国"阿波罗"计划登陆月球的航天员发现，在月球上尘埃是普遍的，它无法避免，月尘摸起来很柔软，像雪一样，闻起来却有一股类似火药的气味。

这些细小的粉状颗粒无孔不入，它们钻进物品器具里，塞住螺栓孔，弄脏了工具，沾染在防护罩外层，在月球表面活动时，月尘成为航天员们工作的一个最大的麻烦。他们必须经常停下手边的工作，用大刷子清理照相器材和设备。刚登上月球时，航天员穿的航天服都是白色的，要不了多久，月尘就能把它们变成灰色，航天员们没有办法把它拍掉。每次舱外活动结束后，月尘都会粘满航天员的靴子、手套和其他暴露在外面的部位，而且这些细小的颗粒还可能穿透航天服缝处的封条，进入航天服内部。返回登月舱前，无论航天员们如何用刷子清洁，都会不可避免把一些尘埃带进舱内，一旦他们脱掉头盔和手套，舱内就会弥漫着月尘的气味。威胁机器和航天员的安全。

月尘是一种奇妙的尘埃。它的每颗尘粒都被一层厚度仅有数百纳米的玻璃镀膜包裹着，直径大概是人们头发直径的1/100。研究人员用显微镜检视了这层玻璃镀膜，发现有数百万个微小的铁斑悬浮在玻璃膜上，宛如天空中的繁星一般。

不锈铁之谜

月面岩石样中还含有纯铁颗粒，科学家认为它们不是来自陨星。苏联和美国的 科学家还发现了一个更加奇怪的现象:这些纯铁颗粒在地球上放了7年还不生锈。 在科学世界里不生锈的纯铁是闻所未闻的。

月球的磁场之谜

对月球的探测和研究表明，月球几乎没有磁场，可是对月球岩石的分析却证明它有过强大的磁场，这一现象令科学家大感不解。如果月球曾经有过磁场，那么它就应该有个铁质的核心，可是可靠的证据显示，月球没有这样一个核心，而且月球也不可能从别的天体（诸如地球）获得磁场，因为假如真是那样的话，它就必须离地球很近，这时它会被地球引力撕得粉碎。那么，月球岩石曾经有过的强大的磁场是怎么造成的？

第三节　以地球为榜样看火星

火星与地球的相似之处

　　昼夜时间几乎相同——火星一天的时间与地球一天的时间十分接近。地球一天是24小时，火星的一天为24小时39分35.244秒。

　　与地球一样有四季变化——火星的转轴倾角为25.19°，与地球的23.44°较为接近，因为此原因，火星的季节与地球的相似，火星上也有春夏秋冬明显的四季变化，但是，火星的1年相等于地球的1.88年，因而火星上各季节的长度，比地球长1倍。

　　火星有大气层，但非常稀薄——仅相当于地球大气层的0.7%，因此，火星只可以抵挡部分的太阳辐射和宇宙线。

　　火星蕴藏冻结的水——火星探测漫游者、凤凰号火星探测器和欧洲火星快车号在火星进行的探测证实火星表面没有水，但蕴藏着冻结的水，如两极冰冠就包含大量的冰。

火星全球图

火星与地球的差异

除部分微生物和地衣以外，大部分动植物都不能在火星的极端环境中生存。

火星地表重力小，只有地球重力的38%。

火星的平均温度在-87℃与-5℃，相较于地球而言，要寒冷得多，地球有记录的最低温度是南极洲的-89.2℃。

火星离太阳较远，其大气层所接收的太阳能，大约只有地球所接收的一半。火星并没有浓厚的大气层和磁圈阻挡太阳辐射。

火星大气层当中有95%的二氧化碳，3%的氮，1.6%的氩气和0.4%的氧气。火星空气的二氧化碳分压有7.1毫巴，地球是0.31毫巴。人类二氧化碳中毒开始在约1毫巴。即使是植物，二氧化碳远高于1.5毫巴是有毒的。这意味着火星的空气对植物和动物是有毒的。

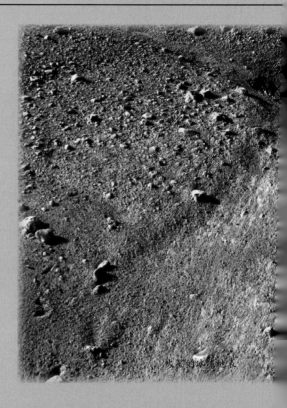

火星的冰冻地表

中国古代称火星为"荧惑"

古罗马神话中的战神马尔斯

探火之路充满坎坷

曾被称为"探测器的坟场"

火星用肉眼看去是一颗引人注目的火红色的亮星。它缓慢的穿行于众恒星之中，从地球上看火星时而顺行，时而逆行。火星最亮时比最亮的恒星天狼星还亮，这是由于地球和火星分别在各自的轨道上运行，它们之间的距离总在不断变化，火星荧荧如火，亮度常变，位置不定，令人迷惑，所以，中国古代称火星为"荧惑"。而在西方古罗马的神话中，把它想象为身披盔甲浑身是血的战神"马尔斯"（Mars），天文学中火星的符号是马尔斯的长枪和盾牌的组合。

早期的火星探测始于20世纪60年代，止于80年代后期。这一时期，人类共向太空发射了26颗火星探测器。其中，苏联发射了18颗，仅有5颗部分成功；美国发射了8颗，6颗成功。火星历来是深空探测一个危险的目的地。50多年来，世界各国 向火星发射的各类探测器约有一半以上以失败告终，因此火星曾被称为"探测器的坟场"。

7个成功登陆火星的探测器

海盗1号

海盗1号探测器于1976年6月19日进入火星的轨道，着陆装置于7月20日着陆成功。它立即投入了事先编好程序的寻找火星微生物的工作中去，因为此时的人们仍在争论火星上是否有生物存在。海盗1号发回了难以置信的火星全彩色图。科学家由此知道了原来火星的天空是略带桃粉色的，并非是他们原先所想的暗蓝色，火星天空的这种色彩是因为稀薄大气中的红色尘粒反射太阳光所致。

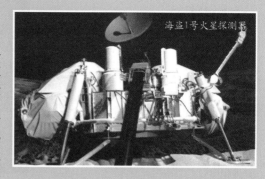

海盗1号火星探测器

海盗1号于1982年11月11日做了最后一次数据传输，地面控制者们花了6个半月仍然无法同它恢复联系，全部任务于1983年5月21日结束。

海盗2号拍摄的火星平原

海盗2号

海盗2号于1975年9月9日发射，1976年8月7日进入火星轨道，并于同年9月3日着陆在乌托邦平原。海盗2号任务是美国国家航空航天局火星海盗号计划的一部分，其轨道卫星及着陆器基本上与海盗1号相同。海盗2号在火星表面工作了1281个火星日，最终在电池失效后，于1980年4月11日停止运作。海盗2号的地震检波器使它记录了一次火星地震。

火星探路者

1997年7月4日，火星探路者登陆火星，它携带的漫游车旅居者号成为首部在火星表面成功，漫游的火星车。火星探路者和旅居者号漫游车在火星表面工作了将近三个月，向地球传回了超过10000张照片和大量科学数据。

火星探路者的成功以及当年地球南极附近发现可能来自火星的陨石中存在生命迹象的消息，使得火星这颗红色行星再次成为人们的关注焦点。但是"旅居者"号体积较小，重量很轻，能够携带的科学仪器十分有限。而且旅居者号必须

美国火星探路者号携带的旅居者火星车

通过火星探路者登陆器中继才能与地球进行通信，这使它的活动范围非常受限。

勇气号

美国国家航空航天局2003年公布了当年的火星探测计划，官方正式名称为火星探测漫游者。勇气号是两部双胞胎火星车中的第一部，它于2004年1月4日登陆火星，2009年5月，在通过特洛伊沙地时，因车轮陷入软土，并使其中一个车轮损坏，勇气号无法动弹。之后的观测一直被限制在原地，此后有过几次解救行动但都失败。2010年1月26日放弃拯救，勇气号从此转为静止观测平台。2011年5月25日，美国国家航空航天局最后一次尝试联络后结束了勇气号的任务。勇气号从火星上拍摄到了地球的照片，这是人类首次获得从其他行星表面拍摄到的地球照片。

"勇气"号从火星上拍摄到了地球的照片

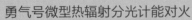

勇气号探测器拍摄到的火星图片

勇气号微型热辐射分光计能对火星表面岩石和土壤的温度及构成等进行分析，在正式工作后不久，它已成功地在火星车着陆区观测到碳酸盐矿物存在的踪迹。碳酸盐通常在有水的情况下生成。

机遇号火星探测器

机遇号

机遇号火星探测器是双胞胎火星车中的第二部。它于2003年7月7日发射，2004年1月25日安全着陆火星表面。机遇号通过对火星为期6年多的勘测，取得了巨大成绩，如发现了火星上形成于酸性湖泊的岩石，并首次在火星发现陨石。当机遇号抵达维多利亚陨坑后，对其进行了为期两年多的勘测，结果显示，早期火星曾有面积相当于广东省大小的一片地下水层。该发现为科学家如何研究火星表面提供了宝贵的观点。

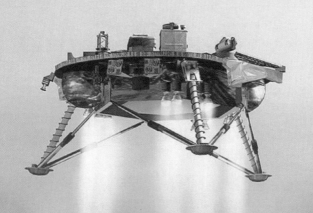

凤凰号火星探测器登陆火星

凤凰号

2008年5月26日，凤凰号火星探测器成功登陆火星北极附近的永久冻土带，凤凰号随后开展了一系列科学探测任务，它首次证实火星上确实有水存在，并发现了火星土壤中的高氯酸盐成分，这是地球上许多微生物赖以生存的化学物质。凤凰号当初的设计寿命只有3个月，并没有考虑在火星北极冬季生存，因此当一直工作了5个多月的凤凰号面临火星的冬季时，它的太阳能电池板供电能力骤降，最终，凤凰号于2008年11月进入休眠状态，失去了与外界的联系。2010年,科学家曾多次通过奥德赛号唤醒凤凰号，但都没有成功。

凤凰号的土壤分析证实，火星北极土壤呈弱碱性，这在火星其他地方的探测中从未见过；土壤分析还发现了少量的盐，科学家认为，这很可能是火星过去生命的养分；土壤探测还发现了氧化性极强的高氯酸盐，这表明火星过去的环境可能比想象中还要严酷；土壤中发现的碳酸钙等矿物形式，则表明过去这些火星矿物的形成曾有水的参与。

凤凰号在加热火星土壤样本时鉴别出有水蒸气产生，从而确认火星上有水。

凤凰号火星探测器

好奇号探测器在火星表面

好奇号

2012年8月6日,好奇号探测器在火星表面着陆,开始了在火星为期两年的任务。好奇号是第一辆核动力驱动的火星车,其首要任务是探索火星过去或现在是否存在适宜生命生存的环境。此次好奇号项目耗资25亿美元,并正式命名为火星科学实验室,这是美国国家航空航天局自20世纪70年代海盗探测器以来首次执行天体生物学任务。

好奇号比2004年登陆的火星探测机遇号和勇气号重3倍、长2倍。并拥有10大令人惊叹的尖端配备,包括:全景摄像机、机械臂末端透镜成像仪、降落阶段照相机、火星样品分析装置、化学和矿物学设备、化学和成像设备、α粒子-X射线光谱仪、中子反照率测量仪、辐射强度评估装置、周边环境监测台、火星科学实验室再入和着陆仪器。它们也是火星车最重要的部分。

好奇号核动力驱动火星车

好奇号拍摄火星表面神秘"花朵"

链接 先行者模拟载人火星飞行

"火星500"，火星之旅的一次逼真演练

2010年6月3日开始的"火星500"，是由俄罗斯组织，多国参与的一个探索火星的国际试验项目，它是人类首次在地面上模拟载人飞往火星、环绕火星、登陆火星和返回地球的520天全过程。试验地点设在莫斯科郊外的俄罗斯航天生物医学问题研究所内。来自中国航天员中心的志愿者王跃参与了这次试验，试验获得的数据和信息将为未来的火

中国志愿者王跃和俄罗斯、法国、意大利等其他5名"火星500"志愿者合影

星之旅提供充分的技术准备,而且对于推动人类整个科学技术的发展，也将发挥重大的作用。

生活环境模拟火星

航天员从地球出发，在奔赴火星的漫长征途中，生活和工作在一个狭小密闭的舱里面，试验舱大小规模是按将来需求可能模拟的,这个环境是相对孤立和无助的，舱内看不到日出日落，是一个与世隔绝的环境，对人的生理心理极限带来前所未有的挑战。在吃的方面，

在模拟"火星"表面上，宇航员进行科操纵传感器和采集训练

王跃告诉媒体记者，他们的食物大都以罐头食品和脱水食品为主,很难吃上新鲜食品。舱内温室里种植了少量蔬菜，可以作为配餐。每隔10天洗一次澡。组织方在520天中，在舱内进行了包括生理学、心理学、临床及实验室诊断，微生物和卫生保健研究和技术操作类实验等一共做了106项实验。

飞行程序的模拟

往返火星需要一两年的时间，此次试验的520天中，前250天模拟飞往火星，中间30天模拟环绕和登陆火星，最后240天模拟返回地球，整个"飞行"时间按照与实际1:1来模拟。另外，在整个试验过程中，志愿者日常工作的安排、外界的变化等，都是按照真实的飞行程序来模拟。

"火星500"火星探测车

航天技术面临挑战

地球与火星相距，最远时有4亿多千米，最近时也有5500多万千米，按照目前世界航天技术的发展水平，往返需要一两年的时间。如此遥远的路程，无论是飞行器的燃料储量，还是航天员需要的食品、饮料、氧气等物资都显著增加，这不仅需要大大提高火箭推力，还要发展成熟的再生式生命保障技术等航天技术。

通讯和通讯延时的模拟

志愿者在舱内不能看电视，不能上互联网，与地面的通讯完全模拟真实飞行过程中天地通讯的数据量。在试验进行到第54天的时候，开始模拟通信延时。

模拟舱内也会模拟出太空失重状态

因为距离的原因，载人登月的通讯时滞只有1秒多，而登陆火星飞行的通讯时滞长达十几分钟。第1天模拟延时只有短短8秒钟，随着试验的推进，延时也越来越长。到达火星后，航天员说一句话，地面控制人员在十几分钟以后才能听到，地面控制人员的回话又需要十几分钟才能传回给航天员，这样一次通话就需要20多分钟。

因此当出现问题时，地面支持是非常有限的，航天员必须学会不依赖地面控制中心自主开展工作，这就对航天员各方面的素质、能力提出更高的要求。

模拟登陆火星。这次试验还专门设计了火星表面模拟器，模拟火星环境，试验进行到第257天时，志愿者将着火星服，通过火星着陆模拟舱到达火星表面模拟器，模拟在火星上进行工作。

"火星500"模拟实验的密闭舱

解读 载人登陆火星的四个必备条件

要有重型运载火箭

将人类发射到火星需要有重型火箭，能将140～150吨的负荷发射到近地轨道，将一个生活舱发射到火星，经多次发射并在火星地表组合连接起来，形成一个容纳4～10人的基地。要求火箭具备低轨道运载能力为130～105吨。

要保证火星着陆的准确性

降落到火星表面的着陆舱，必须保证着陆差在百米量级之内，否则航天员降落后找不到房子和给养。由于火星的大气压力比地球的1%还少，还要解决载人着陆缓冲技术和着陆舱的环境控制与生命保障问题。

由多国合作开发的火箭

从火星返回

设想中飞往火星的重型火箭

要解决火星居住问题
保证航天员健康生活

在往返火星的总计400天中，需要为航天员提供安全、健康、舒适的生活条件,这涉及空间居住和辐射防护问题，在去往火星的路上最大的威胁是辐射，必须设法解决。航天员在火星生存的三个要素，水、空气和食物，必须有充分的保障。

穿宇航服模拟火星环境

火星的环境和月球完全不同
需要研制火星航天服

航天员要在火星表面进行复杂的操作，穿上火星航天服的动作灵活度必须超过现有的任何航天服。

火星浮尘具有很强的侵入性，出舱活动后可能将浮尘带回居住舱，甚至污染食品进而被消化吸收。据研究发现，火星土壤和浮尘中存在很多有毒物质，如六价的铬、砷等致癌物质，要采取有效措施加以防护。

火星航天员必须全副武装

未来火星基地幻想图

第四节　让火星成为人类第二个家园

　　地球是人类的摇篮，但是人类不会永远躺在摇篮里，而会不断探索新的天体和空间。首先，他首先会小心翼翼地穿过大气层，之后，便去征服整个太阳系空间。

——齐奥尔科夫斯基

火星环境地球化

　　火星虽然与地球有很多相似之处，但总体而言火星对人类并不舒适。地球大部分地方都与火星大为不同，只有南极在温度方面和火星比较接近，火星气压极低，二氧化碳极多，几乎没有氧气。但在太阳系中，地球的另一个近邻金星,虽然在总体成分、体积和重力方面比较接近地球，但金星上的环境条件过于严酷，表面温度超过450℃，异常浓密的大气中充盈着硫酸液滴，绝非宜居行星，只有火星，有望成为人类的又一块"新大陆"。

　　若将一个荒凉、没有任何生命的迹象的火星，变成人类的第二家园，就要将火星环境地球化。为此一些专家和学者想出了很多办法。如下面的四步法：

第一步　破解火星水的消失之谜

探测显示在火星上曾有海洋与河流,温暖和潮湿,但它们为何消失,一直都是未解之谜。数十年来,人类一直在寻找更温暖、更潮湿、更像地球的火星的各方面证据。例如,火星表面有许多水塑造的地貌特征,如沟渠、干涸的河床、河流三角洲等。只有大气层很厚,才能保持火星温暖和潮湿。问题是,火星气候是如何演变的,火星的水去哪了? 破解这个谜团,对再造一个地球的过程中防止其倒转是非常重要的,如果在没有搞清楚其中原委的情况下,就贸然再造火星大气层,它可能会再次消失。

第二步　建立火星前哨站

要在火星上建立功能齐全的火星基地,作为改造、开发火星的前哨站。

目前火星表面环境恶劣,不适合人类居住,如火星上氧气的含量是地球的1/200倍,因此登陆火星必须要解决呼吸氧气的问题。火星上的平均气温为-53℃,裸露在外的皮肤会被冻伤,由于火星表面的压力只有地球的百分之一,如果直接暴露在火星表面,人的内脏也会破裂,有限的大气氧和危害的辐射,使得火星上的宇航员不能外出。他们将主要停留在特殊的栖息地——基地内部,如果外出探险则需要穿上特殊的火星服。

早期的火星基地规模不大,是一个按生态自给或物质再循环的原则工作,预先造好的功能齐全的生命保障系统,是再生式的,即基地的氧气、水或食物,都要靠密闭生物圈和绿色植物的光合作用来就地解决。

封闭生物圈,基本的设施包括:一个能防辐射并适合航天员生活的居住舱、一个实验舱和一个能提供生命保障和食品的后勤舱及一个带气闸门的连接舱,用于宇航员出入火星表面。另外还要有提供能源的能源舱和一辆火星运输车。用无人驾驶飞船,将已经在地面制作好的居住舱及各舱段运送到火星,然后在火星上对接成一个整体。

前哨战人员4~6名，成员中除职业航天员外，可能还包括地质学家、化学家、生物学家、建筑工程师和生物圈领域的专业人员等。他们的任务是进行火星探索;研究火星表面和地表下的物质,大气层、气候、辐射、磁场，维护生保和再生式生态系统，利用无线电设备与基地外进行通信联络。

让火星机器人大显身手

由于火星环境十分恶劣，人离开生命保障系统，是无法生存的，因此宇航员在居住舱外工作必须穿火星服，还不能工作时间太长，而机器人不需要特殊的防护服，也不需为机器人建造密闭居住舱和提供复杂的环境控制和生命保障系统，可以在月面长时间工作，在火星表面的探测、考察，主要靠由宇航员遥控的机器人进行。机器人还可以承担危险的和特殊的工作，例如进入极寒冷的南北极和洞穴等。

可移动拆卸的火星居住舱

第三步　让火星变温暖

火星非常干燥、寒冷，平均气温为 $-63℃$，将寒冷贫瘠的红色火星，改造为温暖绿色的人类家园，就要对火星加热，使其升温，使这个寒冷的星球变暖。办法有：

制造温室气体

要使火星进行升温和保温，关键是要给火星提供一个产生温室效应的大气层。具体就是在火星上建几处能生产温室效应气体的化工厂,然后将这些气体排放到大气层。

科学家认为，在效能最好的温室效应气体中有含氯氟烃，在一般条件下，氯氟烃的化学性质很稳定，在很低的温度下会蒸发，因此是冰箱冷冻机的理想制冷剂。在地球上，这些气体在高层大气中分解，并破坏重要的臭氧层，因此现在限制这些气体的使用。在火星上根本不存在臭氧层，而且我们主要关心的是让火星升温。天文学家们认为，火星的土地上蕴藏着大量的制造含氯氟烃的材料,例如氯、氟、碳与氢,用化学方法这些组合在一起,建成含氯氟烃的大储备库。

随着在大气层中含氯氟烃、二氧化碳气体和水蒸气的积聚，便开始一个循环。这些气体通过吸收热量将火星升温，将冻结的二氧化碳和水进一步汽化,从而火星进一步升温。而且，随着火星升温，在土壤层和多孔岩石层中吸收的二氧化碳、氮气和水蒸气会向外渗透，并增加它们在大气层中的数量。由于上述所有各项活动都放出气体，因而火星将明显升温。在数十年内，火星可升温到冰的溶点。

建造太空镜

火星两极都存在主要由水冰构成的冰冠，但在表面有固态二氧化碳（干冰）存在。干冰在火星北极（北极高原）只存在于冬季，夏季则完全升华消失；而火星南极则被8米厚的永久干冰层覆盖。如此差异是因为火星南极的高程较高。

在火星的两极上悬置聚酯薄膜大型聚光镜,以便在极地冰冠上聚集阳光,将其汽化并放出二氧化碳和水蒸气。

随着火星上温度的增加，以及冰冠和永久冻土融化，火星比过去想象的环境潮湿得多，温度达到或高于冰点时，产生池塘、湖泊乃至海洋，逐渐使大气压力与地球大气压力一样。

释放火星土壤中的大气

目前，火星表面只有稀薄的大气，但在30亿年前，火星表面包围着厚厚的二氧化碳大气层。由于火星变冷，大部分二氧化碳都被土壤吸收冷冻起来。当人类完成改造火星第三步后，温暖的气候将使这些二氧化碳释放出来。科学家认为土壤中释放出来的二氧化碳可以在20年内让火星温度再升高5.6℃，这时融化的水开始蒸发，并形成雨雪等天气现象。

第四步 改变大气成分，呼吸新鲜空气

大气层必须让其含有的氧气(不能太多，否则会燃烧;也不能太少，否则动物仍然会窒息)，以适合人呼吸使用。氧气在空气中所占的比例最好是20%～30%(地球上的大气中氧气约占21%)。

其办法就是在火星上种植绿色植物如苔藓、草、灌木、树以及滞留水中的很小的名叫藻类的微生物。它们通过光合作用吸收阳光的能量，并同二氧化碳和水一起，制造有机物质并释放出氧气。最先考虑培育的应该是能够促进光合作用的菌类和苔藓。

经过遗传工程改造的细菌和其他适应性强的微生物播种到火星上去，它们会"吃掉"火星大气层中的二氧化碳，释放出氧气，逐步形成一个类似于地球的含氧大气层。

再配合上述的藻类植物的生长和微生物的繁殖，能逐步使火星大气层加厚，并使大气层增氧。

科学家模拟火星环境

概念作品——包括一个完整的火星2层登陆居所、充气式实验室和探测车。

建设火星城

随着土壤中二氧化碳的不断释放，火星上的大气的浓度和大气压增加,相当于地球的1/5，其中大部分是二氧化碳。此时的火星居民不用穿太空服就可以走出户外，当然他们还需要氧气袋；普通飞机可以在火星上起降；人们还将建造一座带有穹顶的封闭城市。

一旦火星赤道附近的温度长年保持在0℃以上，火星上就可以有稳定的液态水供应，可以生长植物，火星城除了居民区外，还有超市、医院、工厂、农场牧场、机场、火星港等，居民从数千人到数万人,不过早期的太空城还是封闭型的。

连接一个充气式实验室到他们的登陆器，以增加火星家园的内部气压值。

在月球建立中转站

火星基地建成以后，地球和火星之间的空间运输将频繁起来，从地球直接飞往火星，需大推力运载火箭，成本高昂。所以应考虑将月球作为地、火空间运输的中转站。

月球中转站效果图

由于月球几乎没有大气，没有磁场，它的重力加速度只有地球的1/6，从月球上发射航天器，使其摆脱月球引力飞往火星，比从地球发射容易得多，可以降低从地球到月球的运输成本。更重要的是月球的丰富资源，能生产出火箭的推进剂——液氢和液氧，使从地球起飞的运载火箭不必携带很多推进剂，从而大大减轻火箭的起飞重量，飞往火星的步伐将会大大加快。

科学家指出，让火星环境地球化，在火星上创造出适宜人类生存的环境，是一项长远的宏伟的规划，需要几代人用上几百年才能实现，但是它蕴含着希望，鼓舞和增强人类利用科学征服火星的信心。

中国航天科技大事记

1960 — 2014年

工作人员正在往火箭加注液体燃料

为火箭发射做准备工作

▲ 1960年2月19日，T-7M试验型液体燃料探空火箭首次发射成功，这是中国探空火箭技术取得的一个具有工程实践意义的成果。

东风一号近程导弹

东风二号中近程导弹

▲ 1960年11月5日，中国仿制的东风一号近程导弹发射试验成功，这是我军装备史上的一个重要里程碑。

▲ 1964年6月29日，中国研制的东风二号中近程导弹发射试验成功，标志着中国的导弹技术走上了独立研制的道路。

▲ 1966年10月27日，东风二号甲地地导弹载原子弹头的"两弹结合"试验爆炸成功，中国拥有了具有实战能力的导弹核武器。

▲ 1970年1月30日，东风四号中远程导弹飞行试验取得成功，中国掌握了多级火箭技术。

▲ 1966年12月26日，东风三号中程地地导弹首次飞行试验基本成功，标志着中国导弹技术达到一个新水平。

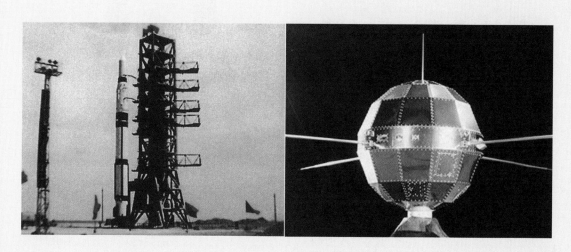

▲ 1970年4月24日，中国第一颗人造卫星由长征一号运载火箭发射成功，开创中国航天新纪元。

▲ 1971年3月3日，中国第一颗科学实验卫星实践一号发射成功。这颗卫星在空间运行和工作了8年。

▲ 1975年11月26日，长征二号火箭发射返回式卫星成功，3天后卫星按预定时间返回地面，中国成为世界上第三个掌握卫星回收技术的国家。

▲ 1980年5月18日，中国向太平洋预定海域发射远程运载火箭获得成功，成为世界上第三个进行远程运载火箭全程试验并取得圆满成功的国家。

▲ 1982年10月12日，我国潜艇水下发射运载火箭获得成功。

▲ 1981年9月20日，风暴一号运载火箭成功发射3颗空间物理探测卫星，中国成为世界上第四个掌握一箭多星技术的国家。

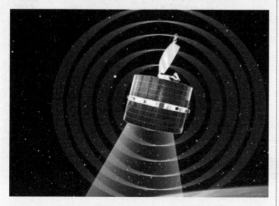

▲ 1988年3月7日，我国第一颗实用通信卫星东方红二号甲发射成功。

▲ 1984年4月8日，长征三号火箭成功发射我国第一颗地球静止轨道通信卫星东方红二号。长征三号发射成功使我国成为第三个掌握火箭低温高能技术和第二个高空点火技术的国家。

▲ 1988年9月7日，我国第一颗风云一号试验气象卫星由长征四号甲运载火箭发射成功。

▲ 1990年7月16日，长征二号捆绑式火箭首次飞行试验成功，标志着我国运载火箭技术上了一个新台阶。

▲ 1994年2月8日，长征三号甲运载火箭发射成功，使中国运载火箭能力得到大幅提升。

▲ 1997年5月12日，新一代广播通信卫星东方红三号发射升空，标志着中国通信卫星技术实现重大突破。

▲ 1997年8月20日，中国同步轨道运载能力最大的运载火箭长征三号乙发射成功。

▲ 1997年6月10日，中国第一颗静止轨道气象卫星风云二号发射成功。

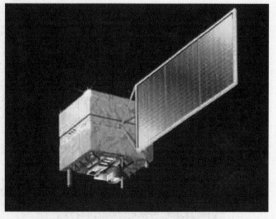

▲ 1999年10月14日，中巴资源一号卫星发射成功。这是中国首次在空间技术领域进行全面的国际合作，被誉为"南南合作"的典范。

▲ 1999年11月20日，长征二号F运载火箭将我国第一艘无人试验飞船神舟一号发射升空，飞船环绕地球飞行14圈后在预定地点安全着陆，标志着中国载人航天工程取得重大突破。

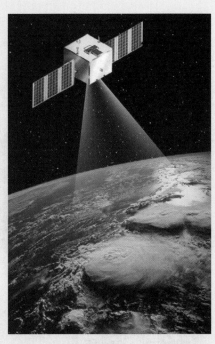

▲ 2002年5月15日，中国第一颗海洋探测与监测卫星海洋一号发射升空。

▲ 2003年5月25日，中国第三颗北斗一号导航定位卫星发射升空，中国成为世界上第三个拥有卫星导航系统的国家。

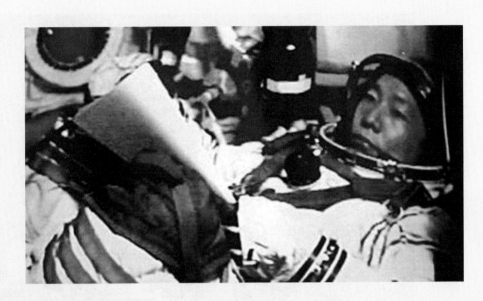

▲ 2003年10月15日，第一艘载人飞船神舟五号载着第一名中国航天员杨利伟进入太空，环绕地球14圈后安全返回地面，中国首次载人航天飞行获得圆满成功。

◀ 2005年4月12日，神舟六号飞船升空，将航天员费俊龙、聂海胜送入太空，5天后安全返回地面。中国载人航天实现了两人多天、航天员直接参与空间科学实验活动的新跨越。

▶ 2007年10月24日，嫦娥一号探月卫星发射升空。一个多月后，嫦娥一号传回的第一幅月面图像公布，标志着中国首次月球探测工程圆满成功。

嫦娥一号传回的月面图像

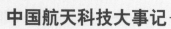

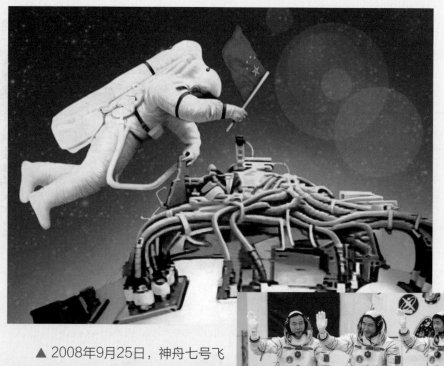

▲ 2008年9月25日，神舟七号飞船搭载航天员翟志刚、刘伯明、景海鹏升空。9月27日，翟志刚成功进行空间出舱活动。9月28日，3名航天员安全返回地面。神舟七号载人航天飞行实现了航天员出舱活动和小卫星伴飞，成功完成了多项技术试验。

◀ 2010年10月1日，嫦娥二号探月卫星成功发射。此后3年中，嫦娥二号不仅完成了预定的任务，还飞离月球，执行了一系列拓展性试验任务，成为中国飞得最远的航天器。

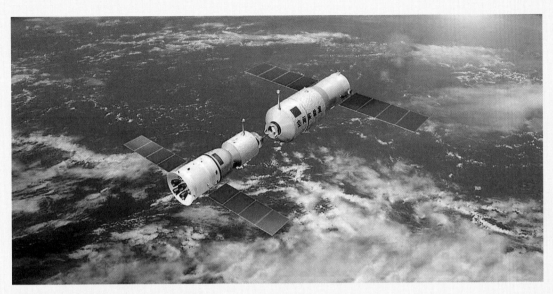

▲ 2011年9月29日，中国第一个目标飞行器和空间实验室天宫一号发射升空。11月1日，神舟八号飞船发射成功。两天后，神舟八号与天宫一号进行空间交会对接。组合体运行12天后，神舟八号飞船脱离天宫一号并再次与之进行交会对接试验。神舟八号任务标志着中国成功突破了空间交会对接及组合体运行等一系列关键技术。

▶ 2012年6月16日，神舟九号飞船搭载航天员景海鹏、刘旺、刘洋发射升空，刘洋成为中国首位进入太空的女航天员。飞行期间，神舟九号飞船与天宫一号目标飞行器分别进行了自动交会对接和手动交会对接，6月29日，航天员安全返回地面。

◄ 2012年10月25日，中国在西昌卫星发射中心用长征三号丙火箭成功将第16颗北斗导航卫星送入预定轨道。至此，中国北斗导航工程区域组网顺利完成。从12月27日起，北斗系统在继续保留北斗卫星导航试验系统有源定位、双向授时和短报文通信服务基础上，向亚太大部分地区正式提供连续无源定位、导航、授时等服务。

▲ 2013年4月26日，中国首颗高分辨率对地观测卫星高分一号在酒泉卫星发射中心由长征二号丁运载火箭成功发射。高分卫星系统突破了空间分辨率、多光谱与大覆盖面积相结合的大量关键技术，开启了中国对地观测的新时代。

　　▲ 2013年6月11日，神舟十号飞船搭载航天员聂海胜、张晓光、王亚平升空。神舟十号在轨飞行15天，进行了一系列空间科学和技术实验，并开展了中国航天员首次太空授课活动。

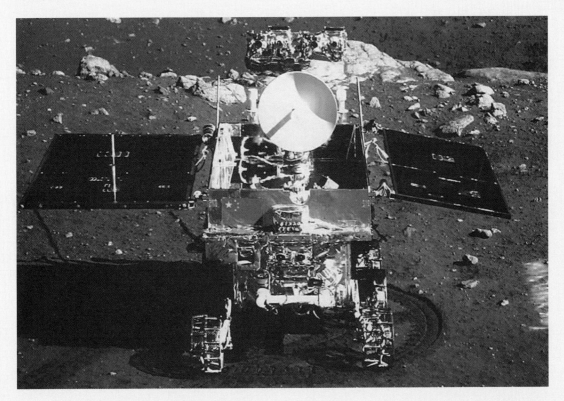

　　▲ 2013年12月2日，嫦娥三号月球探测器成功发射入轨。12月14日，嫦娥三号在月球虹湾地区成功实现软着陆，并释放玉兔号月球车到月面，开始执行科学探测任务。

　　2014年11月1日，再入返回飞行试验器在内蒙古四子王旗预定区域顺利着陆，我国探月工程三期再入返回飞行试验获得圆满成功。再入返回飞行试验任务的圆满成功，标志着我国已全面突破和掌握航天器以接近第二宇宙速度的高速再入返回关键技术，为确保嫦娥五号任务顺利实施和探月工程持续推进奠定了坚实基础。

　　2014年11月17~21日，国际海事组织海上安全委员会第94次会议在英国伦敦召开，会议审议通过了对北斗卫星导航系统认可的航行安全通函，标志着北斗卫星导航系统正式成为全球无线电导航系统的组成部分，取得面向海事应用的国际合法地位。

　　2014年11月21日，我国在酒泉卫星发射中心用"快舟"小型固体运载火箭成功将快舟二号卫星发射升空，卫星顺利进入预定轨道。"快舟"小型固体运载火箭采用了国际首创的星箭一体化技术，在国内首次采用栅格舵控制技术，是我国首个具有快速集成、快速入轨能力的小型固体运载火箭，创造了我国航天发射的最快纪录，使我国航天发射运载工具由液体运载火箭拓展到固体运载火箭，初步形成了我国急需的空间快速响应能力。

　　长征系列运载火箭已经完成了200次发射！北京时间2014年12月7日11时26分，我国在太原卫星发射中心用长征四号乙运载火箭，成功将中巴地球资源卫星04星发射升空，卫星顺利进入预定轨道。

　　从1970年4月24日长征一号运载火箭将我国第一颗人造地球卫星东方红一号送入太空到2007年6月1日，长征三号甲火箭成功发射鑫诺三号卫星，长征火箭第一个100次发射历时37年，而完成第二个100次发射仅历时7年。截至目前，在长征火箭的200次发射中，成功率达到95%以上。